HOW TO READ FASHION

ファッションの意図を読む

その背後にある意味とスタイルの謎を読み解き理解する

フィオーナ・フォルクス 著
山崎 恵理子 訳

目次

INTROD

はじめに

プラットフォーム・シューズ(フェラガモ) 1938年
Platform shoes (Ferragamo)
レインボーカラーのサンダルは金色のレザー製。コルクのソールはスエードで包まれている。限定生産で復活した。

私たちの身のまわりにあふれるファッション——。ファッションは常にメディアのスポットを浴びてきた。既製服から絢爛豪華なデザイナー・コレクションまで幅広いスタイルに、このデザインはオリジナルだろうか、それともゴシックやネオクラシックなど過去のスタイルのリバイバルだろうかと戸惑うばかりだ。もしかしたら両方が混ざり合って、レザーや金属など意外な素材で作られているのかもしれない。過去のスタイルが融合されたデザインや新たな解釈を通して復活されたデザインであっても、ファッションはいつも創造に満ちている。

現代ファッションの世界では、独創的なアイデアが歴史からもスポーツ競技場からも、そしてストリートからも生み出され、可能性が無限に広がっている。たとえば2010年には、高級ファッションブランドのシャネルがシールタイプのタトゥーを売り出した。多くのブランドが創業デザイナーの後も引き継がれ、蓄積されたデザインが今日のデザイナーに豊かな発想をもたらしている。ジョン・ガリアーノは、クリスチャン・ディオールが1947年に発表した有名なジャケットの新バージョンを

UCTION

制作した。フェラガモは1938年に発表したカラフルなソールのサンダルをリバイバルさせている。フェラガモの顧客だった有名女優、ジュディ・ガーランドのために作られたとされるサンダルだ。

現在からも過去からも、デザイナーであるか顧客であるかを問わず、個性あふれる人物の中からロールモデルやファッションリーダーが登場する。ジョセフィーヌ・ボナパルトやブリジッド・バルドーからボー・ブランメルやブラッド・ピットまで、スタイルを生み出すのはいつも、メディアに追われる有名人だ。天性のファッションセンスを備えたグレース・ケリーは、1950年にエルメスが作ったおそらく歴史上最も有名なバッグ、ケリーバッグにその名を残している。

グレース・ケリー 1950年代
Grace Kelly
この斬新なカプリパンツのようにファッションには創造性が重要だが、著名なロールモデルの存在も欠かせない。女優でありモナコ公妃でもあるグレース・ケリーの上品なスタイルはフォーマル、インフォーマルを問わず人々を刺激している。

INTRODUCTION
はじめに

ケリー・グラントやフレッド・アステアなどの著名な男性は、上品なテーラーメードのフォーマルウェアで知られていた。ロンドンのサヴィル・ロウでもミラノやニューヨークでも、男性のファッションは燕尾服からパンツにいたるまで、伝統的なスタイルに新たな解釈を加えるのが主流だった。若者向け市場がファッション界に衝撃を与えた1960年代以降、ジョルジオ・アルマーニのカジュアルシックに始まり、エディ・スリマンやラフ・シモンズの大胆なシルエットまで、ファッションの限界に果敢に挑むデザイナーが登場している。

メンズファッションとレディースファッションは常に関連している。歴史的に見ると、女性の服は男性用の服から作られてきた。それが最近では、布地の裁断や使われる素材など、女性の服からヒントを得て男性の服が作られることもある。

本書では、現代のスタイルとは何か、そして過去200年のファッションとどう関連しているのかがコンパクトにまとまっ

ピンストライプ・スーツ　1970年代

Pin-striped suit

ジョン・ステファンズはロンドンのカーナビー・ストリートにある自分のブティック“ヒズ・クローズ”で若者向けのファッショナブルな服を販売した。帽子作家のデビッド・シリングが着たこのスーツは、広い肩幅とフレアパンツで胸からウエストのラインを強調。

ている。この1冊で過去のファッションとの関係を読み解き、主なデザイナーのアプローチを理解するためのヒントが見つかるはずだ。まず基本知識としてのスタイル、素材、技法を解説し、その上で主なアイテム、アクセサリー、ジュエリー、ヘアスタイル、メイクアップに着目するというテーマごとの構成になっている。さらに重要なデザイナーやブランドについても詳しく取り上げる。

　ファッションは、人間の歴史をひも解くだけでなく、我々が生きる時代、技術の進歩、さらに我々の個性をも表現するものだ。本書を通じて、現代ファッションに対する理解を深め、限りない興味をかき立ててくれるファッションというテーマを楽しんでいただきたい。装うことは面白い——そう感じられる機会となれば幸いだ。

クリスチャン・ディオールのYライン 1955年
Christian Dior Y-line
ディオールが生んだシルエットはブランドの現デザイナー、ジョン・ガリアーノにも影響を与えている。身体にフィットした芯入りボディスと、ナイロンのネットと7層のシルク製チュールの上に広がるボリュームスカートが特徴。ヒップ部分にはさらにチュールが加えられている。

スタイルの基本 *Grammar of Styles*

イントロダクション *Introduction*

トップレベルの高級服メーカーは、常に過去のスタイルを使って新しいデザインを生み出し、実にさまざまな形で歴史的スタイルの細部を取り入れてきた。クラシックスタイルや18世紀スタイルは時に優れたファッションの頂点を代表するものとされ、ゴシックなどのスタイルは歴史や芸術、文学、映画とも関連して絶えず新たな解釈を取り込んでいる。過去のファッションが復活して流行が左右されても、それは単なるアイテムのリバイバルではない。そこには必ず、もとのスタイルのコンセプトを新たなものへと変容させる技術的、社会的、文化的な要素があるからだ。

オートクチュールのイブニングドレス 1923年
Haute couture evening dress

オートクチュールで使われる上質な手縫いが施されたイブニングドレス。ナタリア・ゴンチャロワがロシアバレエ団のためにデザインした衣装のスタイルが、色彩豊かなシルクとベルベットのアップリケに表れている。

アート 1938年(右)
Art

エルザ・スキャパレッリが1938年のサーカス・コレクションで発表したイブニングドレスとアップリケつきのベール。素材はビスコース、レーヨン、シルクで、画家サルバドール・ダリの騙し絵を引き裂いたようなパターンがピンクとマゼンタでプリントされている。この"ティア・ドレス"は、ファッションとシュールレアリスムの関係を表す好例。

17世紀スタイル
2006年(下)
17th-century
クリスチャン・ラクロワによる2006年秋冬オートクチュールのイブニングドレス。重厚な質感を求めて、ニュアンスの違う金色のレースと組み紐だけで作られている。17世紀のスペインの画家、ディエゴ・ベラスケス(1599-1660年)が描いた王女の絵から着想を得た。

ネオクラシック
1955年
Neo-classical
フランスのドレスメーカー、マダム・グレはクラシック風のドレープ使いで知られた。継ぎ目の見えないドレスは、芯入りボディスの上に13枚のシルクジャージーで繊細なプリーツを演出。

18世紀スタイル
2009年(下)
18th-century
ジョン・ガリアーノはデザインを学んでいた時期から18世紀スタイルを取り入れていた。写真の服には、トマス・ゲインズバラ(1727-88年)の絵画とミュージシャンのピーター・ドハーティの影響が見られる。スタイルは古風だがベストの生地と裁断は現代的だ。

歴史的スタイル *Historical*

仮面舞踏会（ディオール）1958年
Masked ball, Dior
イヴ・サンローランがディオールのデザイナーとして手がけた黒いチュール地のドレス。ウィンザー公爵夫人が購入した。スタイル、構成、リボンの装飾に1860年代のスカートの影響が見られる。

ファッションの世界では、過去のスタイルから素材や模様や装飾が取り入れられてきたが、歴史とのつながりは女性の服に顕著に現れている。現代のレディースウエアは着心地の良さが重視されるが、イブニングドレスをはじめ極端なシルエットへの憧れは変わらない。コルセット、クリノリン、バッスルなど骨組みの入った硬い装身具は、現代のコレクションでも登場する。

クリスチャン・ラクロワ 2001年
Christian Lacroix
白の毛皮で縁取られたブロンズ色の皮製コルセットは19世紀のスタイル。その両側でプリントの施された淡い緑のシフォン地が18世紀スタイルのネックラインを描く。スカートは赤と青のラメで飾った鮮やかな青のサテン。

モスリンドレス
1820年

Muslin dress

モスリン地のハイウエストドレスには2つの歴史的スタイルが見られる。ギャザーの襟は16世紀のひだ襟に由来し、袖口まで連なるパフは17世紀フランスの女王マリー・ド・メディチにちなんで“マリー”と呼ばれる。

ジャック・ファット
1948年(上)

Jacques Fath

ジャック・ファットによるシルクのイブニングドレス。特徴的な肩のラインが1940年代らしい。スカートにはクリノリンのペチコートが入り、ヒップを覆う装飾は19世紀のバッスル風。

モリヌー
1939年(右)

Molyneux

エドワード・モリヌーのシルクドレス。バイアスカットにこだわったドレスに代わるものとして1930年代後半にデザインされたさまざまなスタイルが見られる。4本の張り骨を入れた2段のレイヤースカートは1580年代のスタイル。

ゴシックスタイル *Gothic*

中世に端を発するゴシックは、服のスタイルとしてさまざまに解釈されてきた。19世紀前半、ベルベットや毛皮の重厚な質感に骸骨や十字架をかたどったエナメル製ジュエリーを合わせるスタイルが、女性のファッションに取り入れられた。一方で、ゴシックには死者への哀悼やホラー小説を想起させる暗いイメージもあり、コウモリやカラスなどのモチーフで鳥の羽や黒のレザーやレースを使うスタイルに現れている。

カスティーリャ女王フアナ 1496年
Joanne of Castille
スペイン王国の王位継承者フアナが着ているガウンとマントは、模様の入ったウールかベルベットが王族用のアーミン毛皮で縁取られている。こうした織地は今もデザイナーの発想をかきたてる。

リバティーのガウン 1897年
Liberty gown
ロンドンのリバティー社製ガウン。形と素材に中世の影響が見られる。ヒマワリとザクロのモチーフが描かれた重厚な金色の織地は15世紀のベルベットを思わせ、毛羽の長いベルベットの帯は毛皮を模している。

ナイトミュージック
1956年(下)
Night Music
ディオールはシルクファイユの服にロマンチックな名前をつけた。相手を誘惑する吸血鬼というセクシーなコンセプト。『ハーパース・バザー』誌のリチャード・アベドンの写真と同じポーズを取っている。

亡霊 2010年(右)
Wraith
ゴシックスタイルで知られるガレス・ピューが、ホラー映画に出てきそうな青白い顔のモデルでドラマチックなスタイルを演出。ボレロの下で胸を覆う何重ものチェーンは、亡者の引き裂かれた衣装のようだ。

蜘蛛のモチーフ
2010年
Spider motif
ジャイルズ・ディーコンのミニドレス。シルク地にプリントと刺繍で大きな蜘蛛が描かれている。ガーデニングに対する彼の興味の現れだが、人間の根底にひそむ蜘蛛への恐怖心が刺激される。

18世紀スタイル *18th Century*

ベルサイユ宮殿の絢爛豪華な衣装、高く結い上げた髪、花やリボンの飾り、極端なシルエットなど18世紀の女性のファッションは、ウォルトからウエストウッドやガリアーノまでさまざまなデザイナーを刺激してきた。男性の服もロマンチックに描かれた強盗や海賊のイメージから影響を受けている。ポニーテール、袖にボリュームのあるシャツ、ロングブーツは1960年代に流行し、1980年代に再び脚光を浴びた。

ドレス
1878年
Dress

プリンセスラインのドレスで、レースで縁取りされたスクエア型のネックラインとギャザーを寄せた前身頃が18世紀の雰囲気を醸し出している。チャールズ・ディケンズ（1812-70年）の小説『バーナビーラッジ』の登場人物、ドリー・バーデンもさまざまな18世紀スタイルの流行に一役買った。

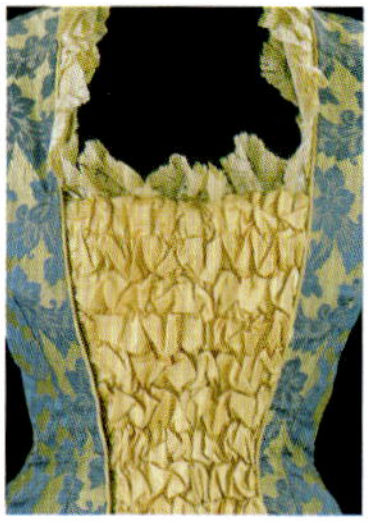

クリスチャン・
ラクロワ
2003年
Christian Lacroix

ラクロワは、ボディスの形やひだ飾りのついた袖などの18世紀スタイルを現代の素材を使うことで楽に着られるスタイルに作り変えた。ブラウスの大胆な白と黒に対し、アクセントカラーの緑とピンクがコントラストをなしている。

帽子
1870年代
Hat

18世紀のディケンズの小説でヒロインのドリー・バーデンがこのような帽子をかぶったとして描かれ、注目を集めた。写真はフランスで作られたもの。平らな麦わらの丸い形とシルクの花とリボンの縁取りが特徴。

プラダ
2010年（下）
Prada

ファッションが建築や装飾美術からヒントを得ることもある。ベルサイユ宮殿の豪華なシャンデリアをイメージしたサンダルに、現代の合成樹脂が使われている。

ヴィヴィアン・ウエストウッド
1996年
Vivienne Westwood

立体芸術の手法でデザインされたシルクのイブニングドレス。左から見るとスカートをポロネーズ風に膨らませた18世紀のサックバックドレスのようだが、右から見るとノースリーブの1990年代スタイル。

GRAMMAR OF STYLES

クラシックとネオクラシックスタイル
Classical & Neo-Classical

古代ギリシャや古代ローマ時代のファッションは、クラシックスタイルと呼ばれる。クラシックスタイルのデザインは各時代のファッションと融合し、ネオクラシックとして何度もリバイバルされてきた。色、模様、ジュエリーなどの要素がクラシックスタイルから取り入れられたが、最も特徴的なのは身体の自然なラインに沿わせた布地のドレープやプリーツ。シルエットを引き立てる独特のひだは、どんな時代のファッションにも応用できる。

ネオクラシックのドレス
1950年代
Neo-classical dress
絹のシフォン地のイブニングドレスは、1953年のジャン・デセのデザイン。典型的なクラシックスタイルのプリーツを1950年代のコルセット使いのシルエットに取り入れた。一見シンプルだが高い技術が求められる。デセは魅惑的な女神のイメージで知られた。

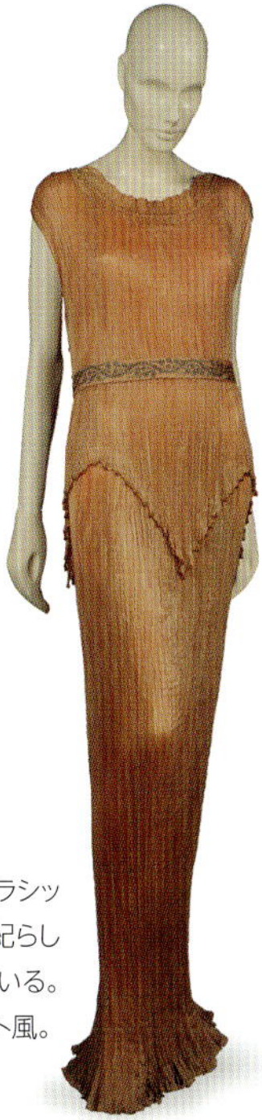

ネオクラシックのドレス 1912年

Neo-classical dress

フォルテュニーはコルセットを否定し、シンプルな布使いの服で身体を解放した。1909年に<デルフォス>と名づけた最初のプリーツ入りスリムドレスで特許を取る。短めのチュニカとボリュームのある裾がついた写真のドレスもその1つ。

ネオクラシックスタイル 1800年頃

Neo-classical style

皇后ジョセフィーヌのカールした髪と王冠は、クラシックスタイルの理想形。身体にフィットした19世紀らしいハイウエストドレスにクラシックな袖がついている。当時流行したカシミヤのショールはローマのマント風。

古代のドレス 紀元400年代

Classical dress

石版に描かれた古代ローマのドレス。女司祭がロング丈のチュニカ（ストラ）にドレープの入ったマント（パルラ）を肩にかけている。ドレープの入った服を結び目やブローチ、ピン、ベルトなどで留め、裾にボリューム感を出したスタイルは、服の形と生地が理想的に融合。

ネオクラシック 2009年

Neo-classical

アリス・テンパリーがデザインした絹のシフォン地のドレス。古代の労働者が着たチュニカから着想を得た。左肩から古代ローマの女司祭が着た服のようなドレープが入り、現代的な銀色のベルトとビーズの飾りを組み合わせている。

エンパイアスタイル *Empire*

ハイウエストのストレートラインやAラインは、ナポレオン1世のフランス帝国《エンパイア》(1804-14年)からエンパイアラインと名づけられた。この時代、皇后ジョセフィーヌとデザイナーのルロワが新しい宮殿ファッションを生み出した。顔の周りでカールさせたネオクラシックの髪型、バラの装飾、膨らませた袖、染色した絹糸や金銀の糸で刺繍した上質なシルクドレスなどが現代でも取り入れられている。

ディオールのオートクチュール 2005年

Dior, haute couture

銀糸の刺繍が入ったオーガンザのドレスと高級サテンのショートジャケット。皇后ジョセフィーヌ（1763-1814年）が着た宮殿ドレスとその長く延びた裾から着想した。ジョン・ガリアーノが“受胎”と名づけたボリュームのあるデザイン。

カルティエ 1926年

Cartier

ナポレオン帝国の時代のように額の低い位置につけたカルティエのティアラ。おそらくプラチナ、瑠璃《るり》、縞瑪瑙《しまめのう》、ダイヤモンドが使われている。1920年代のアールデコに特徴的な素材の組み合わせ。

ポワレ
1912年(下)
Poiret

ポール・ポワレの普段着ドレスはハイウエストのエンパイアスタイル。花柄の生地は中国産。

ルエラ・バートリー
2010年(右)
Luella Bartley

エンパイアスタイルをミニマリズムで解釈した1960年代スタイルのドレス。黒いリボンでマークしたハイウエストが身体にフィットしたボディスを強調しているが、スカートは1950年代後半の丸みを帯びたシルエット。

ドルチェ&ガッバーナ
2006年(下)
Dolce & Gabbana

ナポレオンの宮殿で着用された刺繍入り上衣をもとにデザインしたフォーマルコート。カジュアルな雰囲気がある。エンパイア・グリーンは、皇帝の住居の装飾やイタリア王に戴冠した時の礼服に使われた。

エキゾチックスタイル(日本)

Exoticism - Japan

和風のスタイルや文化は、特に19世紀後半と1980年代、西洋の芸術やファッションに大きな影響を与えた。1854年に開国して以来、着物のようなT字型の服や装飾性の高い織物をはじめとする日本のスタイルが西洋でも見られるようになった。その後、1980年代にイッセイ・ミヤケやヤマモトなどの日本人デザイナーが日本の伝統スタイルをもとに、西洋の衣服とは異なるシルエットを生み出している。

イブニングドレス
1891年
Evening dress
ドレスに使われているのは、日本が開国した後の19世紀後半に織られた織物。はっきりと織り出された模様、鮮やかな色彩、黒い背景色の大胆なコントラストに、日本独特のデザイン要素が見られる。

ディオール
2007年
Dior
鮮やかなピンクのスーツはジョン・ガリアーノのオートクチュール作品。"蝶々夫人"の魅力と折り紙の角張った形が融合している。キルティングや刺繍が施された生地で、複雑な折り紙のイメージを巧みに表現。

重ね着スタイル 1996年（右）

Layered clothing

シリン・ギルドがデザインした、ベストと2枚のジャケットの重ね着スタイル。着物を重ね着するのは日本の伝統的な着こなしで、着る人の嗜好や身分が表れる。1993年の皇室の結婚式では十二単が披露された。

ポワレ 1913年（上）

Poiret

ポール・ポワレは、フォーヴィズム（野獣主義）やロシアバレエ団の身体を解き放つシンプルな形とエキゾチックな色彩に興味を抱いた。着物をもとにした黄色のウールコートに、彼のデザイン手法が表れている。

アレキサンダー・マックイーン 2006年

Alexander McQueen

マックイーンはテイルコートに幅広でゆったりとした着物の袖を合わせ、イブニングウエアの常識に遊び心を加えた。明るい色のシルクでフォーマル感を抑え、派手さを演出。

エキゾチックスタイル（アフリカ）
Exoticism - Africa

ゴルチェ
2005年
Gaultier
ジャン=ポール・ゴルチェははっきりしたテーマとアイデアをデザインに落とし込むセンスで定評がある。このオートクチュール・コレクションのテーマは“アフリカの女王”。アフリカの仮面をイメージしてシルクドレスを作った。

西洋世界は長い間、自然の素材とシマウマ、ライオン、ヒョウなどの野生動物に代表されるエキゾチックな場所としてアフリカをとらえてきた。18世紀以降、動物モチーフとしてヒョウ柄プリントがよく使われ、ラフィアヤシ、羽毛、ビーズなど儀礼用衣装に見られる装飾も取り入れられている。豊饒を祈願する木像もジャン＝ポール・ゴルチェなどの現代のデザイナーに影響を与え、円錐形のビスチェやドレスが作られている。

イブニングドレス
1948年（右）
Evening dress
西アフリカの女性が着るラップドレスをもとにマチルダ・エッチェスがデザインしたドレス。蝋染めを模したプリント地はマンチェスターで作られた。ボディスから腰への硬いドレープを支えるために骨組みの入った芯が使われている。

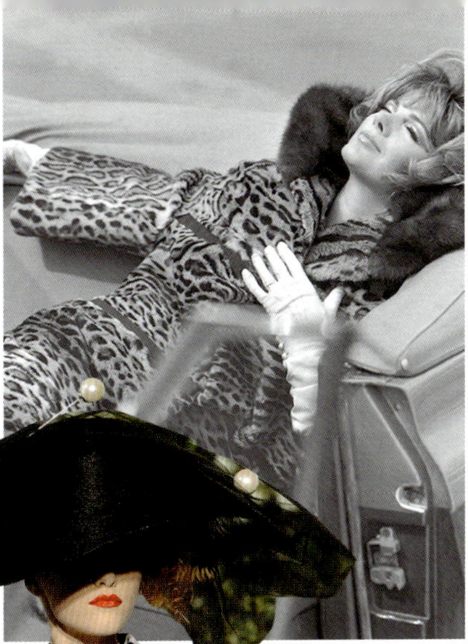

毛皮のコート
1960年代(右)
Fur coat

毛皮が持つ贅沢なイメージが写真のポーズに表れている。ヒョウ毛皮のコートは、ジャクリーン・ケネディがデザイナーのオレグ・カッシーニの勧めで1964年頃に着て以来、流行アイテムになった。

イブニングドレス
1936年(上)
Evening dress

1930年代、植民地の博覧会や映画『ターザン』の影響でアフリカ風ファッションが広まった。高級服メーカーのバスヴァインがデザインした非対称のドレスは、斜めのヒョウ柄プリントで当時流行の身体にフィットしたラインを強調。

ディオールのジャケット
2009年
Dior jacket

ジョン・ガリアーノのバー・ジャケット。流行のアニマルプリントだが、シマウマ柄は珍しい。白と黒のストライプを縦方向と横方向にうまく配置し、2つの耳でユーモラスな印象に。

アート系スタイル *Art*

1890年代、当時の身体を締めつける服への反動として芸術至上主義ファッションが生み出された。それ以来、芸術《アート》はファッションに強い影響を与えている。1930年代、デザイナーのエルザ・スキャパレッリがダリやコクトーなどのシュールレアリスムの画家とともに、靴を逆さまにした形の帽子や虫の形のネックレスなど、変わったモチーフをファッションに取り入れた。1960年以降、デザイナーはファッションを白いキャンバスとして、コンセプトを表現するようになった。

概念的ファッション
2010年
Conceptual chic
ヴィクター＆ロルフが金融危機時代の節約志向をテーマにデザインしたドレス。裾を切り詰め、何枚も重ねたチュールに大きな穴を開けるアイデアには、驚きとユーモアがある。

芸術至上主義のドレス
1905年
Aesthetic dress
芸術至上主義は、強烈な色彩でタイトな当時の服を拒否した人々に受け入れられた。ベルベットの刺繍入りドレスは身体を締めつけず動きやすい。落ち着いた藤紫色は調和的な色とされた。

トロンプルイユ
2008年
Trompe l'œil
ソニア・リキエルのデザインには、シュールレアリスム色の強い遊び心が見られることがある。ベルト通しは本物だがベルトは模様。同様に、リボンを結んだ部分は立体だが、下に垂れた部分は平面。

スケルトンドレス
1938年(左)
Skeleton dress
エルザ・スキャパレッリがダリと共同でデザインした黒いシルククレープのドレスは、ファッションとシュールレアリスムの融合。タイトなラインは当時の流行だが、パッドとキルティングで描いた背骨と胸郭はショッキング。

モンドリアンドレス
1965年(右)
Mondrian dress
イヴ・サンローランのカクテルドレス。ピエト・モンドリアン(1872-1944年)の抽象画をもとにデザインされた一連のドレスの1つ。シンプルな形のキャンバスに黒の線で区切った色のボックスが描かれている。

ミリタリースタイル *Military*

マーチングバンド風ジャケット
2009年
Band jacket
バルマンのデザイナー、クリストフ・ドゥカルナンは、マイケル・ジャクソンが1980年代に着たマーチングバンド風の衣装をベースに一連のジャケットをデザインした。極端に丸い肩のラインが、軍服風ブレードに視線を集める。

機能的で儀礼にも着用される軍服は、メンズとレディースウェアの形、裁断、装飾に長く影響を与えてきた。布地、カーキや迷彩色などの色や模様、鮮やかな色使い、金属のボタン、ブレード（組み紐）にも影響が見られる。デザイナーが軍服を別次元に持ち込んだことで、強さと礼儀正しさという本来の意味は失われた。

乗馬服の女性
1780年代
Woman in riding suit
ロバート・ダイトンが描いた赤い乗馬服の女性。当時はミリタリースタイルの女性用ジャケットが流行したようだ。両肩には金糸で刺繍された肩章。男性服のような形だが、後ろが長く伸びてバッスル風に。

NATOの迷彩服
1980年代
NATO camouflage suit
1980年代後半、アフリカ系アメリカ人のミリタリースタイルが登場。その代表格バンドのパブリック・エナミーは、写真のようなNATOの迷彩服に似た服を着た。

ペッパー軍曹風ジャケット
2006年
Sergeant Pepper jacket
ペッパー軍曹をイメージしたサテンのジャケットは、エディ・スリマンが1960年代をテーマにしたコレクションで発表。高い仕立て技術とトレードマークの細身のシルエットが表れている。芸能界の著名人向きデザイン。

乗馬用ジャケット
1880年(上)
Riding jacket
フランネルの乗馬用ジャケットを作ったテイラーのレッドファーンは、ファッショナブルで実用的な女性服で知られていた。ミリタリー風のブレードで飾られたマニッシュなスタイルの典型。

GRAMMAR OF STYLES

ボーイッシュスタイル
Garçonne - Boyish

トミー・ナッターのスーツ 1969年
Tommy Nutter suit
サヴィル・ロウのジル・リトブラットのために作られたスーツで、写真のジャケットとベストにズボンがつく。サンローランのブラウスのタイは伝統的な男性用ストック風。

乗馬などの娯楽で使う女性服は、昔から男性服をもとに作られてきた。だが、女性が本格的に男性ファッションを転用するようになったのは19世紀に女性がズボンをはいてからで、衣服改革や女性参政権の動きとも関連した。1922年、ヴィクトル・マルグリットの小説『ラ・ギャルソンヌ』に髪を短く切って男女平等の信念を示す女性が登場。以来、ボーイッシュスタイルはショートヘア、ネクタイ、ジャケット、ズボンとともに繰り返し流行している。

マレーネ・ディートリッヒ 1933年
Marlene Dietrich
1930年代、女性用ズボンの普及は女優で歌手のマレーネ・ディートリッヒの影響もあった。写真のツイードスーツなど男性的な服を取り入れた彼女は、「生物学的には女性だが、社会的にはどちらでもない」と言われた。

メアリー・エドワーズ・ウォーカー
1865年
Mary Edwards Walker
アメリカ南北戦争で功績があった軍医のメアリー・ウォーカー。名誉勲章を受章した際に男性用のフォーマルなフロックコートとズボンを身につけて、衣服改革を支持。

ラルフ・ローレン
2006年
Ralph Lauren
冬物のショートパンツを取り入れたボーイッシュスタイルは、ラルフ・ローレンのトレードマーク。上半身はフォーマルな男性服のスタイルで、19世紀風に懐中時計のチェーンを見せている。

反逆スタイル *Rebels*

反逆スタイルとは、反抗的な態度を示すファッションのこと。1950年代、レザーを着た若者が登場する映画に始まり、バイク乗り、パンク、ロックバンドへと取り入れられた。裂け目や鋲《びょう》やチェーンで装飾されたレザーやデニム地のアイテムが多い。ストリートスタイルではタトゥーやピアスと組み合わされることもあるが、高級ファッションになると怪しい魅力を醸し出す。

反抗的な態度
1953年
Attitude
マーローン・ブランドは映画『乱暴者』で反抗的な若者を演じた。ショット・パーフェクトのライダースジャケットとジーンズ、ブーツは彼らの定番ファッションに。

パンク
1976年
Punk
ヴィヴィアン・ウエストウッドがデザインした袖なしTシャツ。パートナーのマルコム・マクラーレンはセックス・ピストルズのマネージャーだった。規範に対する反抗心が挑発的な言葉に表れている。

バイク乗り
2009年
Biker

オートバイジャケットなどの男性的アイテムをまとう女性は、性差のステレオタイプに挑むゴルチェの定番スタイル。ジャケットは、光沢の強い革に鋲《びょう》の装飾や軍服風の肩章でグラマラスなデザイン。

パンク
1997年
Punk

ザンドラ・ローズがパンクの影響を受けてデザインしたレーヨンのジャージードレス。ボディスとスカートの裂け目が青糸のステッチで強調され、装飾はビーズをつけた安全ピン、ボールチェーン、ディアマンテ（小粒の模造ダイヤやガラス）。

インナーとアウター *Inside/Outside*

下着を見せたり暗示したりするスタイルは衝撃的で、禁断のものに触れるような刺激を与える。かつては隠していたアイテムに遊び心を加えることで、男性と女性の挑発的ファッションが生み出された。歴史的スタイルのドレスやコルセットやクリノリンなどの補正下着、シルクやレースなど透ける素材のシュミーズやスリップがベースになることが多い。

ゴルチェのクリノリン
2008年
Gaultier crinoline

ゴルチェはクリノリンを使ったデザインを何度も試みている。バックルの華やかな革製ケージを毛皮のコートの上に重ねたスタイル。ペチコートというよりは豪華な毛皮を保護する覆いのようだ。

モスキーノのブラ・ドレス
1988年
Moschino bra dress

モスキーノは刺激的で楽しいデザインと同時に身体のラインを引き立てる服で知られた。黒いペチコートと20個のブラジャーを組み合わせた綿とポリエステルのイブニングドレスにも、そうした才能が表れている。

ジャンフランコ・フェレのレースドレス
2003年（右）

Gianfranco Ferre lace gown

強烈な色や形と豪華な素材で知られたイタリア人デザイナー。身体が透けて見える繊細な黒のレースのイブニングドレスは、パンティーやオールインワンなどの下着が見えることもあったナポレオン時代にヒントを得た。

ストラップレスのサテンドレス
1950年代（下）

Strapless satin gown

女優のジェーン・ラッセルが着た、ストラップレスでショート丈のセクシーなイブニングドレス。模様入りシルクにレースの縁取りがランジェリーを連想させる。複雑な構造の骨組みが入っているが、繊細な生地で隠されている。

ウォルトのティーガウン
1900年

Worth Tea gown

ティーガウンは19世紀後半に家で着る服として流行した。他の服よりもゆったりとした作りで、普通はランジェリーに使われるような繊細な素材使いが目立つ。シャルル・ウォルトは写真のドレスをサテン、シフォン、レースでデザイン。

オートクチュールとプレタポルテ
Haute Couture/Prêt-à-porter

クリスチャン・ラクロワ
2004年
Christian Lacroix
クリスチャン・ラクロワは最も創造的で豪華なオートクチュールで名声を得た。形を崩したコルセットと手染めシルクのレイヤーが融合されたドレスには、アトリエで働く技術者たちの高度なスキルが認められる。

かつて個人から大量生産メーカーまで顧客の注文に合わせて服をデザインしていたパリの高級服メーカーは、1959年にプレタポルテ(高級既製服) を導入した。今ではオートクチュール(高級仕立て服)とは、コレクションで発表する服や顧客の寸法や好みに合わせた仕立てた服を指す。装飾性の高いオートクチュールの服には芸術的価値が認められ、技術者が高級素材を使って長時間の手作業で制作し、最低3回の仮縫いを経て完成される。

オートクチュール・モデル
1955年
Haute couture model
"得意客用《パトロン》オリジナル"というラベルから、プレタポルテ導入前の高級服メーカーの位置づけが分かる。衣料品メーカーのマリー・テレーズがニナ・リッチのオリジナルデザインを再生産する権利を買った。

ディオール
2010年(上)
Dior

ジョン・ガリアーノはよく、ブランドスタイルの牽引力としてのオートクチュールの役割に言及する。コルセットを使ったプレタポルテのイブニングドレスは、舞踏会ドレスのページ（p.94-5を参照）にあるオートクチュール・ドレスの豪華さを抑えたバージョン。

ジャン・パトゥ
1932-4年(左)
Jean Patou

ネオクラシックスタイルのドレス。彫刻作品のようにあらゆる角度からの視線が考慮されている。ビーズで覆われたチュールが縫い目を隠し、ドレープにトロンプルイユ(騙し絵)の効果を与えている。

ジャック・ファット
1949年(上)
Jacques Fath

ジャック・ファットによるウエストのくびれたオートクチュール・ドレス。マネキンに生地を巻きつける手法で作られた。ドレスの持ち主はレディー・アレクサンドラ・ホワード・ジョンストンで、彼の服を社交の場で広めた。

技法 *Techniques*

イントロダクション *Introduction*

服地、構造、装飾に関する技術的知識は長い時間をかけて進化してきた。衣服が仕上がるまでには、デザインや仕立てから装飾まで多くの人々の専門技術が結集される。機織りが機械化され、ミシンが発明されるなど、19世紀中頃の技術発展が衣服の生産に影響を及ぼした。高級ファッションの世界では、伝統的な手作業の技術が尊重される一方で、21世紀の新しい素材や発想も取り入れられている。

ハンティングジャケット
1860-90年
Hunting jacket
最高級ウールのコートに使われた金色の真鍮ボタンにはH.H.のイニシャルが刻まれ、持ち主がハンプシャー・ハント（狐狩りのクラブ）の一員だったことが分かる。ボタンは組織への所属を表し、単なる装飾以上の意味があった。

銅版画“放蕩児の遍歴”
1735年
The Rake's Progress
仕立屋で採寸するトム・レイクウェルを描いたホガースの銅版画。細長い紙に鋏《はさみ》で切れ目を入れる採寸法は、ギャルソーによる仕立てに関する最古の書物（1769年）にも記されている。

ウエディングドレス
1934年

Wedding dress

チャールズ・ジェームズによる象牙色のシルクサテンのドレス。上質な生地、高度な裁断と構成によって身体に完全にフィットしている。ヨーク（当て布）と本体の間に入った５本のダーツと脇の長いダーツによる腰のラインが美しい。

船遊び用スーツ
1890年（下）

Boating suit

ピンストライプのフランネル地のジャケットとベストは象牙色のボタンで留める。優れた仕立て技術で、襟、ポケット、ベストの脇とも模様が完全にマッチ。

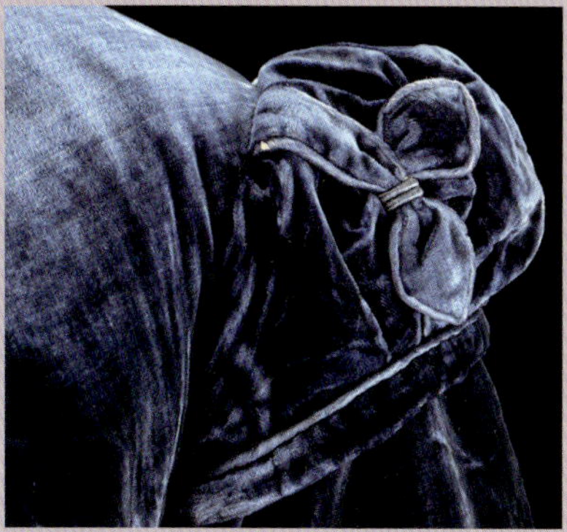

スペンサージャケット
1818年（上）

Spencer jacket

青いベルベットの女性用ジャケット。ゴシックスタイルの膨らんだ袖は、サテンの見返しがついた共布のリボンがつき、リネンで裏張りされている。滑りやすく一緒に使いにくい生地だが、こうした細部がドレスメーカーの技術を証明。

TECHNIQUES

仕立て *Tailoring*

仕立てとは男性服の構造を作り出す方法で、女性の乗馬服にも使われた。その後、その技術が他のフォーマルな服へも取り入れられるようになった。身体のプロポーションの幾何学的ルールが見出され、19世紀にさまざまな裁断技術が発展した。芯地や詰め物、当て布を重ね、アイロンを巧みに用いることで、肩や胸の部分を強調しつつ欠点を隠すような形が完成される。

カルバン・クライン
2010年
Calvin Klein
アメリカにおける仕立ての歴史はアイビーリーグ・ルックにさかのぼる。上品で若々しく、サヴィル・ロウより細身のスタイル。厚地のリブセーターに合わせたスーツは、インフォーマルなスタイルの仕立て技術が光る。

サヴィル・ロウ
1964年(右)
Savile Row

アンダーソン&シェパードのスーツは、ジャケット、ベスト、ズボンで別の専門家が携わった。肩はやや幅広の緩やかなラインで、グレンチェックの強い横縞と見事に調和している。

リーファージャケット
1890年代
Reefer jacket

ボックスクロスをシルクのロシア・ブレードで縁取った女性用ジャケット。男性用リーファージャケットをもとに作られた。胸部の滑らかなラインと男性服で使われるステッチが特徴。

フロックコート
1890年代
Frock coat

背中に滑らかなラインを出すため、高級ウールと絹の裏地の間に中綿が入っている。中綿は袖の下からウエストまで、アイロンでプレスした格子状に、細かな星縫いで留められている。

アルマーニ
2010年(右)
Armani

イタリアのテイラーは1950年代、かっちりした仕立てではなくソフトな仕上げを取り入れて、英米のテイラーと肩を並べるようになった。ジョルジォ・アルマーニは写真のようなソフトな仕立ての上品なスタイルで名声を確立。

ドレスメーキング *Dressmaking*

女性の服はかつて身体に沿って直接生地を裁断して作られていたが、18世紀にパターン用紙に平面作図する方法や、スタンドの上で布地を使った仮縫い品を作る方法が発達した。18世紀後半にはワンピースタイプの服が作られ、19世紀には布地を身体の形に合わせるためのさまざまな技法が試みられた。1920年代にマドレーヌ・ヴィオネが軽い布を横地やバイアスに裁断して身体に沿わせる方法を開発した。

プリンセスライン
Princess line
バレリーナのマーゴット・フォンテーンが着た1955年のシルクファイユのドレス。ディオールのYラインを逆さまにしたプリンセスラインを取り入れている。上下がつながった型紙で裁断するためウエスト部分に切り替えが入らない。

バストダーツ
Bust dart
1807年頃に作られたシルクのスペンサージャケット。このようなバストダーツがいつ発明されたか正確には分からないが、服をボディラインに沿わせるドレスメーク技術の発展がうかがえる。

バイアスカット（右）

Bias cut

ランバンが1935年のオートクチュールで発表したドレス。バイアス裁断の紫色のサテン地がミシンで縫製されている。サテンの光沢と腰の下からフレアを出す裁断で、彫刻を思わせるクラシックな仕上がり。

マドレーヌ・ヴィオネ 1935年

Medeleine Vionnet

ヴィオネは独自の技能に恵まれた、創意あふれるデザイナー兼ドレスメーカーだった。小型のマネキンでドレープを作り、生地を裁断しながらデザインを生み出した。軽くしなやかな服を作るために縦糸、横糸、バイアスに添った幾何学的な形の裁断を開発。

ダイヤモンド形パネル（下）

Diamond-shaped panel

1805年に作られたストライプのシルクドレス。ダイヤモンド形のパネル（切り替え布）には、背中の中央部分で垂直方向に縦地の目が見える。両サイドのパネルは横地やバイアスで裁断され、伸縮性を高めるとともに身体なじみを良くしている。

形とフィット感 *Shape & Fit*

衣服全体の形は構造、生地の裁断、縫製で決まり、色、生地、装飾が衣服の形を引き立てる。女性の服は15世紀後半から1910年代まで、コルセット、パッド、ケージ状のペチコートで調えたボディラインに沿うように作られるのが普通だった。1920年代からは、より自然なボディラインが流行し、柔らかく軽い生地で身体にフィットした服が作られた。しかし1930年代以降は、デザイナーが実験的な構造を取り入れ、極端な形の服も引き続き作られている。

非対称のデザイン
1986年（左）
Asymmetrical
アンソニー・プライスによるシルクタフタのドレス。ロックスターの派手な衣装で知られる彼らしい、鳥の翼を思わせる非対称のデザイン。大きく折りたたんだ生地が肩の上まで広がり、羽ばたく鳥のイメージに。

骨組みの入ったボディス
1890年頃
Boned bodice
ウォルトがデザインしたシルクガウン。19世紀後半に発達していた複雑な縫製技術が背中部分の内側に見られる。ボディスにつなげたウエストテープと骨組みに注目。

バッスル
1885年(上)

Bustles

『マイラズ・ジャーナル』誌に掲載されたスタイル画。2人の女性が大きなバッスルでヒップ部分を膨らませた普段着ドレスを着ている。バッスルの上に広がる服地を装飾やひだで強調。

リズムプリーツ
1990年(右)

Rhythm pleats

イッセイ・ミヤケはプリーツ地を使った幾何学形の立体芸術風の服で知られている。身体の動きとともに形が変化するデザインで、素材はプリーツ加工した長方形のポリエステル地。

パッド
1937年

Padding

アイダーダウンのキルティングと同じ技法を使った、チャールズ・ジェームズのイブニングジャケット。動きやすさを考慮して、サテン地に詰めたダウンは首回りと袖ぐり部分が薄くなっている。

裏張りと仕上げ *Lining & Finishing*

裏張りには内部の縫製を隠し、服の形を整え、着心地を良くする働きがある。素材によっては表地とのコントラストを生み、デザイナーの個性を表すこともある。オートクチュールでは、縫い目の端は何かで隠されるか、手作業で仕上げられる。手縫いのステッチは男性服の下襟やポケットのフラップに見られ、品質の証明になることもある。高級シルクスカーフは手作業の巻き縫いで縁が処理される。1980年代にパリの日本人デザイナーがアンチモードを確立し、裾がほつれたままで仕上げをしていないような服を作った。

ミシンのステッチ
1936年
Machine stitching
ジャンヌ・ランバンがデザインした着物スタイルのイブニングジャケット。細部を見ると、ミシンによる飾りステッチが劇的な効果が生んでいることが分かる。肩から前の打合せに2本のステッチを入れることで、襟がまるで別の色に。

裏張りのコントラスト
1964年
Contrasting lining
上質な紅藤色のモヘアツイード地を使ったシャネルのジャケット。対照的な花柄プリントのシルクで裏張りし、襟やカフスのように見せている。セットのドレスも同じシルクの裏張りだが、外からは見えない。

アンチモード
2001年（左）
Deconstruction

1980年代以降、コム・デ・ギャルソンの川久保玲は型にはまらないアプローチで知られ、アンチモードに挑戦して見る人を驚かせている。マネキンに着せているのは、未完成に見える服の一例。

ほつれた服
2010年（右）
Fraying

ミウッチャ・プラダがデザインしたコート。裾がほつれ、仕上げをしていないように見えるのは、“透明性の反語的解釈”と“過去と現在を見通す力”をコンセプトとしたコレクションで発表されたため。

仕上げ
1971年（上）
Finishing

ミスター・フィッシュのスーツ。シャープで洒落た裁断とトルコ石のような青緑色に加え、仕上げのデザインにも特徴がある。ジャケットのフロント部分、襟、ポケットのフラップに同系色のシルクの縁取り。

留め具 *Fastenings*

紐
1885年
Lacing
コルセットをイメージしたモアレの舞踏会ドレスのボディス部分。普通は隠される紐が特徴になっている。先端の尖ったデザインとリボンがウエストの細さを強調。

初期の留め具は、ブローチやピンから紐、ボタン、かぎホックへと進化した。紐はかつて単に実用的な留め具として使われていたが、今ではコルセットを連想させる装飾品となっている。革製バッグやスポーツ用ジャケットの金属ファスナーは、1930年代に女性服に取り入れられ、ナイロンの登場によって軽いファスナーが作られた。現在はバーバリーやヤマモトのコレクションで、大きなホックが登場する。

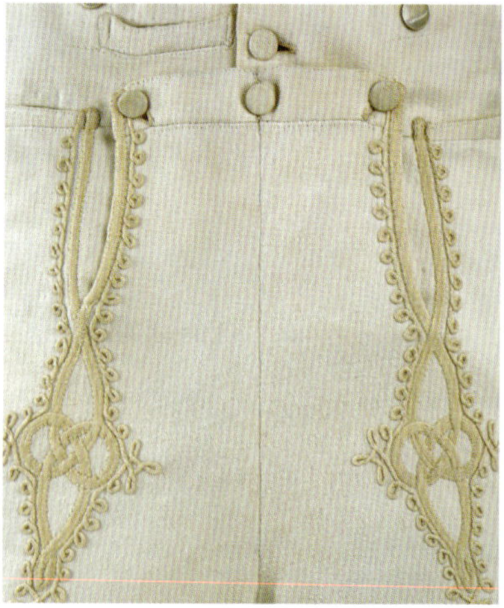

フォールフロントのボタン留め
1810-20年
Fall front fastening
ブリーチズ（膝下までのズボン）の開口部は、1770年頃にフォールフロントと呼ばれる形になった。股上の深い位置でウエストバンドをボタンで留め、横に並んだ3つのボタンでフラップを低い位置で留める。

ボタン
1938年(左)

Buttons

エルザ・スキャパレッリがサーカス・コレクションで発表したジャケット。あらゆるディテールでテーマを表現するという彼女の考え方が伝わってくる。生地やアクロバットのデザインの金属ボタンも特注品。

金属製のスタッド型留め具
1890年代

Metal slot and stud fastening

コルセットのサイズ調節は、金属製の留め具がついた前側ではなく背中側の紐で行う。ウエスト部分にはペチコートが持ち上がるのを防ぐためのホックがついている。

ファスナー
1985年

Zip fastening

モンタナ・ウールのジャージー地で作られたドレス。丸い大きな肩のラインを除き、形が細部まで巧妙に計算されている。ファスナーは実用的な留め具だが、ここでは伏せ縫いの縫い目とともにデザインの一部に。

素材 *Materials*

イントロダクション *Introduction*

素材がデザイナーにアイデアを与えることもあれば、デザイナーが繊維メーカーに特注して独自の生地を作ることもある。織物が持つさまざまな特性は、使われる繊維や織り方、仕上げ、装飾などの要素で決まる。人工繊維はもともと天然繊維の安価な代替品として開発されたが、天然繊維の人気が復活する前の1950年代から70年代にかけて珍重された。

手織り機
1747年
Hand loom
ホガースの銅版画に描かれた手織り機に向かう見習い職人。複雑な模様を織り込むのは時間がかかり、模様が入った絹織物などは、幅の狭い織地でも高価だった。

絞り染め技術
1950-60年
Shibori technique
日本の絞り染めは、生地を絞るなどして染色する。写真では藍色と明るい青に染められ、西洋では特に1960年代後半と21世紀初頭に取り入れられた。

絹織物
1760-64年
Woven silks
リヨンの商人が使った絹織物の見本。18世紀にどのような品が出回っていたかが分かる。リヨンは当時、絹織物産業でヨーロッパ最大の中心都市だった。

レースのオーバードレス
1958年(下)
Lace overdress
バレンシアガの“ベビードール”。絹クレープのタイトドレスの上にボリュームのある黒いレースのオーバードレスが重なる。レースの装飾と透明感で軽く若々しい印象に。

装 飾
1939年(左)
Decoration
エルザ・スキャパレッリの半袖イブニングドレス。マットなクレープ地に、パールと金糸で百合が立体的に刺繍されている。

MATERIALS

天然繊維 *Natural*

人間は古くから動植物を利用してリネン、羊毛、絹、綿などの繊維を得てきた。最近ではヘンプ、竹、バナナの葉も広く使われている。繊維それぞれの異なる性質が衣類に暖かさや涼しさをもたらし、糸の紡ぎ方や織り方がさまざまな質感を生む。かつては複数の天然繊維が混ぜて使われたが、今では強度や弾力性を高めるために天然繊維が合成繊維と混紡されることもある。

シルクガザル
1963年
Silk gazar
バレンシアガのイブニングケープ。アブラハム社製のシルクガザル地が使われている。薄くて軽量のガザルは、織り目が密で張りがあるため型崩れしにくい。写真のケープは身体から離れて形を保っている。

ウール
1830年代
Wool
ビーバークロスは二重織りの毛織物。表面に密集した滑らかな起毛がある。厚手で丈夫なため、ベルベットの襟がついた男性用フロックコートのような外衣に最適。

シルクプラッシュ
1855年（上）

Silk plush

女性用ジャケットに使われている豪華な冬用の布地はベルベットの一種で、毛皮に似た長く柔らかな起毛がある。光沢のある質感は縁取りのマットなシルクと対照的。

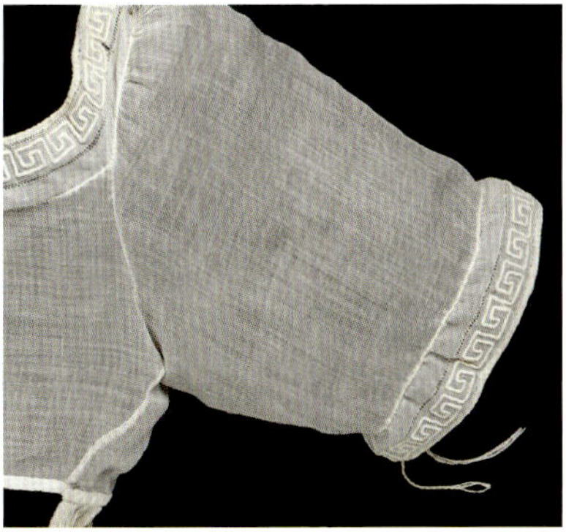

綿
1800年頃（上）

Cotton

19世紀前半、薄手の白いモスリンは贅沢な織物で、当時はインドからの輸入品が最高級だった。写真では白い綿糸でギリシャに古くから伝わる文様が刺繍されている。

リネン
1912年頃（下）

Linen

スカイブルーの普段着ドレス。わずかに畝《うね》が見られるマットな布地は、軽くて涼しいため夏用の服に向いている。オーガンザの襟が色、質感ともに服地とコントラストをなす。

人造繊維と合成繊維

Man-made & Synthetic

プラスチック
1967年
Plastic
パコ・ラバンヌは1960年代のパリで最も実験的なデザイナーとして知られていた。金属のワイヤーでプラスチックの円盤をつないだドレスから、建築学を学んだという彼の経歴がうかがえる。

天然繊維に代わる繊維が作られるようになったのは20世紀。絹の安価な代替品として、1904年にサミュエル・コートランドが木材パルプを原料とするレーヨンを生産し、1920年代からストッキングやランジェリーなどに使われた。最初のポリアミド系繊維であるナイロンが1939年にデュポン社で作られ、ストッキングの素材として普及した。1960年代にはスパンデックスやライクラが開発された。現在も体温に反応する繊維や紫外線をブロックする繊維など、多機能繊維の研究が進んでいる。

ライクラ
1991年(上)
Lycra®
ライクラのような伸縮性のある生地は身体のラインをそのまま伝える。ライクラを使ったヴァル・ピリウのセクシーなミニドレスは背中が大きく開き、レース部分は半透明。

レーヨンジャージー
1970年代(左)
Rayon jersey
合成繊維の美しさを積極的に生かしたユキの豪華ドレス。鮮やかな色彩のレーヨンジャージーのニットは、繊細なギャザーでホルターネックと調和している。

ビスコースとルレックス
1996年(右)
Vicose and lurex
ジュリアン・マクドナルドのイブニングドレス。黒いビスコースと金色のルレックスの帯を使い、3週間で仕上げた。1930年代のバイアスカット・ドレスの影響が見られるが、素材は現代的。

合成ラメ
1981年
Synthetic lamé
ザンドラ・ローズのルネッサンス風イブニングドレス。ナイフプリーツを施した金と銀の合成ラメが渦巻状になっている。布地の張りとプリーツ加工による大胆な形。(p.94-5を参照)

MATERIALS

織物 *Weaves*

手足を使って動かす足踏式織機は中世からヨーロッパにあったが、18世紀から19世紀前半の産業革命の時代に機械式織機が発明された。21世紀には織機にコンピュータが導入されたが、リヨンのプレッレ社など今でも手織りで絹織物を生産するメーカーもある。ジーンズなどによく使われる綾織りは強度を高め、朱子織りは生地表面に光沢を出すなど、織り方によって布地の性質が変わる。単純なストライプやチェックから複雑な花柄まで、さまざまな模様が織り込まれている。

縦糸と横糸
Warp and weft
アーティストのスー・ローティが所有する小さな手織り機。縦糸と横糸がどう組み合わさって布になるのかが分かる。

ペイズリー
Paisley
山羊毛で作られたカシミヤのショールは18世紀後半から西洋で人気がある。ペイズリーという模様の名前はスコットランドの町、ペイズリーでショールが作られたことに由来。

ブロケード
Brocade
ブロケードとは模様が入った絹織物で、花柄が一般的（写真はそのパターン用紙）。横糸が模様の幅だけ織られて折り返される。平織り、綾織り、朱子織りのいずれでも可能で、張りのあるドレープが生まれ、型崩れしにくい。

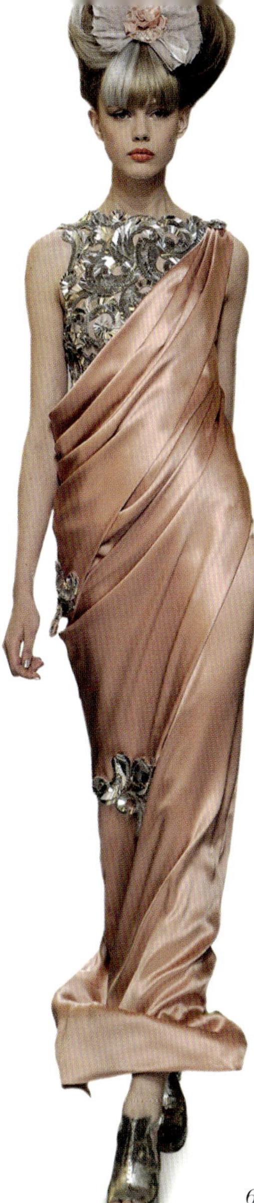

サテン(右)
Satin

2010年夏のシャネルのオートクチュール・コレクションで発表されたイブニングドレス。シルクか合成繊維のサテン地で表面には光沢があり、滑らかでつるつるしているが、裏側は光沢がない。

千鳥格子
2003年(左)
Dogtooth

さまざまな千鳥格子を取り入れたヤマモトのデザイン。千鳥格子は縦糸と横糸に特定の色を順に配した綾織りの織物で、普通は白と黒で織られる。

染色 *Dyes*

19世紀半ばまで、布地の染料はすべて動物、植物、鉱物から取られた天然染料だった。塩や尿などの媒染剤を染料と混ぜ合わせてさまざまな色が作られ、色落ちしにくい安定した染色剤が開発された。1850年代にヨーロッパの化学者がコールタールを原料とする合成のアニリン染料を開発して、広く出回るようになった。発色の良い合成染料は衣料品の生産コストを大幅に引き下げた。

天然染料
1949年
Natural dyes
レディー・ホワード・ジョンストンがなじみのデザイナー、ジャック・ファットから購入した普段着ドレス。珍しいことにタータンチェックは夫のクラン（氏族）のもの。手染めで手織りの毛織地をスコットランドから直接買いつけた。

合成染料の紫色
1873年
Synthetic purple
ドレスの鮮やかな紫色は、ウィリアム・パーキンが1856年にキニーネの合成法を研究中に発見した最初の合成染料によるもの。アニリン・バイオレットまたはモーブと呼ばれた。

トルコ赤
1860年頃
Turkey red
綿のプリント地のペチコート。背景色にトルコ赤の染料が使われている。アカネの根で染めた布を油とソーダに浸して鮮やかな色を出す。近東に由来するため、この名前がついた。

黄色のシルク
1810年
Yellow silk
濃いカナリヤ色のシルクドレス。生地の光沢で色が引き立てられ、天然染料でも鮮やかな色が出ることが分かる。シルクで作られたルネッサンス風パフの象牙色が対照的。

浸染
2004年(下)
Dip-dying
生地加工とヴィンテージというプラダの特徴が表れたデザイン。浸染で染色されているが、自由奔放なヒッピー風ではなく、整然とした1950年代のスタイル。

プリント *Print*

インドから取り入れられた木版を使った綿のプリントは、18世紀のヨーロッパで流行した。1783年に柄を彫った銅版のローラーを使った機械が登場し、細かい柄でも繰り返しプリントできるようになった。現代のスクリーンプリント技術では色ごとに別のスクリーンが必要となり、時間とコストがかかるため、複雑なプリント地は高価な贅沢品だ。

スクリーンプリント
1969年
Screen printing
ザンドラ・ローズのフェルト製コート。広い身頃は、色が少しずつ変わるスクリーンプリントのデザインに最適。同柄のプリントが施されたシフォンドレスの上に着る。柄と布地に対するデザイナーの関心が表れている。

ウールのプリント地
1855年頃（上）
Printed wool
クリーム色の絽み織りのウールを使ったボディス。ストライプの織り模様と細かい花柄のプリントの組み合わせは、19世紀中頃に流行した。プリーツ加工でストライプと花柄が立体的に。

柄の組み合わせ
2008年（下）
Mixed patterns
ドリス・ヴァン・ノッテンは、色や柄を組み合わせた上質のシルクで作る豪華な普段着アイテムで定評がある。1枚の布に異なる柄をプリントする技術が写真にも表れている。

シルクのプリント地
1960年（上）
Printed silk
中世の旗から着想を得てエミリオ・プッチがデザインした、色鮮やかなシルクのプリント地。パンツやドレス、ネクタイに応用する中で、ブランドの定番スタイルが生まれた。

トワル・ド・ジューイ
1792年（上）
Toile de Jouy
単色のプリント。名前は、1759年にオベルカンフがパリ近郊のジューイで綿のプリントを始めたことに由来する。写真は、オベルカンフのデザイナーだったユエによる華やかなデザイン。18世紀フランスのスタイルを連想させる。

装飾 *Decoration*

衣服の装飾は、かつてオートクチュールで使われるものだったが、最近では素材の価格と人件費が下がったことから、さほど高価でない服にも用いられる。染色した糸や金属の糸によるステッチからビーズ、スパンコール、羽毛までさまざまな装飾があるが、いずれも技術と時間を要する。西洋では儀礼用の服や舞台衣装を除き、男性服の装飾があまり用いられなくなった。

ステファン・ローラン
2010年
Stephane Rolland
セレブ向けの豪華ファッションで定評があるローランは、2010年夏のオートクチュール・コレクションのために化学者の協力で生地に使える金色のラッカー塗料を開発した。塗料がシンプルなイブニングドレスに劇的な効果を与えている。

スパンコール
1932年
Sequins

スパンコールで覆われたシャネルのイブニングドレス。前側のボディスに騙し絵風のリボンが描かれている。リボン結びの部分はスパンコールだが、垂れ下がる部分は立体的。(p.96-7を参照)

ビーズ
1957年
Beading

ノーマン・ハートネルによる女王のドレス。ナポレオンの紋章である蜂が、金色の撚り糸、虹色の真珠の羽、ビーズの触覚で描かれている。全体に金色のビーズ、ブリリアントカットの宝石、真珠の装飾。(p.94-5を参照)

羽 毛
1895年
Feathers

パリのシャンポがデザインした短いイブニングケープ。黒と緑の雄鶏の羽で全体が覆われ、羽の一部はカールしている。羽は綿の生地に取りつけられ、裏張りは黒のシルクサテン。

宮中服の刺繍
1800年
Court dress embroidery

最も精巧な装飾が求められる宮中服の制作は、刺繍職人の重要な仕事だった。写真の例では、生地がコートに仕立てられる前に、金属の糸で模様を刺繍した可能性もある。

レース *Lace*

16世紀までは手編みのボビンレースやニードルレースが縁取りに使われ、フランス、ベルギー、イタリアのドレスメーカーが品質の高さで知られた。現在、さまざまな衣類に使われている機械編みのレースは1840年代に開発された。白は純潔、赤はスキャンダル、黒は哀悼や演劇を連想させるなど、レースには文化的意味もある。

ブロンドレース
1820年
Blonde lace
ブロンドレースと呼ばれる自然色の絹糸で作られたレースは、高級感のある縁取りとしてイブニングドレスによく使われた。レースの淡い光沢は、当時のろうそくの光を受けて、上質な織地や金属の装飾とともに輝いていたはず。(p.94-5を参照)

黒いレース
1889年(左)
Black lace
黒とアイボリーの配色が劇的な効果を生んでいる。透けて見える黒いレースの帯を使うことで明るさが生まれ、全体的に柔らかな印象に。

白いレース
1904年頃
White lace
1900年前後の白いサマードレスは、生地と対照的な素材が装飾に使われることが多かった。写真のドレスには、手編みレースに薄地の綿布と、かぎ編みの花があしらわれている。

ヴァレンティノ
2004年
Valentino

ヴァレンティノは優雅な女性らしさが伝わる豪華な織地の服で定評がある。薄いピンク色のレースのドレスは、ロマンチックなランジェリーから着想したセクシーなデザイン。

イギリス刺繍
1960年代(上)
Broderie anglaise

綿織物にレースのような効果を与える技法。目打ち穴をサテンステッチでかがり、花びらのような形を作る。19世紀に流行した後、合成繊維の普及に対する反動の意味もあって1960年代に再び人気が出た。

メンズ・フォーマル *Male Formal*

イントロダクション *Introduction*

17世紀以降、男性のフォーマル服は、上着、ベスト、ブリーチズ(膝下までのズボン)または長ズボンの3つのアイテムを基本に確立された。19世紀になると用途に応じて服のバリエーションが増え、王族や名士らによってドレスコードが定められた。1950年代から男性がフォーマル服を着る機会が減ったが、ロイヤルアスコット(英国王室主催の競馬)や王室のガーデンパーティ、舞踏会、豪華な式典、結婚式などで着用される。

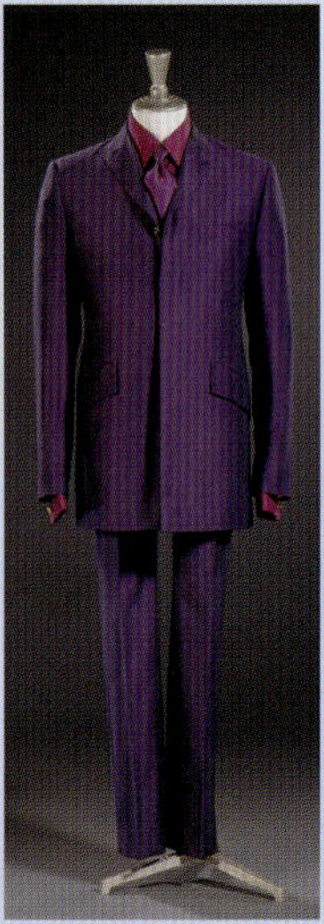

現代的仕立て
1996年(上)
Modern tailoring
1995年、オズワルド・ボーテングはロンドンのサヴィル・ロウに注文服を扱うテイラーを出した。ウールとモヘアのシングルスーツは細身のシルエット。伝統的仕立てに対して明るい色で若々しさを演出。

晩餐会の服装
1821年
Evening dress
ロンドンの高級社交場、オールマックスを描いた風刺画。男性は長ズボンではなくブリーチズをはく。テイル(後ろの長い裾)のついた黒か青のイブニングコートにブリーチズ、ストッキング、パンプスというスタイル。

ズボン
2006年(右)
Trousers
ベルギーのラフ・シモンズは斬新な若者向けデザインが評判。ハイウエストでボリューム感のあるズボンに、スキニーでもバギーでも強烈なシルエットを求める姿勢が。

現代風テイルコート
2006年(下)
Modern tailcoat
最もフォーマルな場でしか使われない伝統的なテイルコートに対するディオール・オムの挑戦的デザイン。夏用に袖を外し、シャツ、ベスト、ネクタイなどお決まりのアイテムもすべて省略されている。

普段着スーツ
1950年代
Day suit
セシル・ビートンによるウィンザー公爵の写真。イングランド上流階級のファッションで知られた。普段着としてフランネル地のダブルスーツにシャツの袖口とポケットチーフを見せ、カーネーション添えるスタイルを好んだ。

ウエディング *Weddings*

結婚式の衣装には、19世紀の古風なドレスコードがよく見られる。当時は、フロックコートや後ろの裾が長いモーニングスーツがビジネスや社交の場での正装だった。現代の結婚式ではモーニングコートが最も人気があり、黒かグレーで、サテンかグログランの襟がついているものが一般的だ。ネクタイやベストの色や形で個性が演出される。

上流社会
1937年
Fashionable

フランスの城で行われたウィンザー公爵の結婚式。伝統的な黒のモーニングコートに、濃い黄色のベスト、襟を折り下げた白のシャツ、グレーのチェック柄ネクタイを合わせ、ボタンホールに白いカーネーションをあしらっている。

日常着スーツ
1910年(右)
Conventional

1900年代前半、ビジネスマンや専門的職業を持った男性は日頃からモーニングスーツを着ていた。写真のスーツはサテンのモールで縁取られたウール地で、家族の結婚式に使われたもの。

現代的スタイル 1960年(下)

Modern

マーガレット王女とアンソニー・アームストロング＝ジョーンズの結婚式。男性フォーマルのドレスコードは1910年とほぼ同じ(左頁を参照)だが、小さめの襟とシンプルな淡い色のアスコットタイが現代的。

モス・ブラザーズ 1996年

Moss Bros

グレーのウール地のモーニングスーツ。18世紀後半の乗馬服に由来する斜めの前裾が特徴的。1850年代にはカッタウェイと呼ばれていた。淡い色のシルク小物で飾る近代のウエディングスタイルが見られる。

伝統的スタイル 1926年(上)

Traditional

モーニングスーツを着たイングランド上流階級の紳士。ジャケットの前ボタンを開けて、淡い色のシルクのダブルベストと伝統的な懐中時計のチェーンを見せている。糊の効いたウイングカラーと幅広のアスコットタイで非常にフォーマルなスタイル。

ディナージャケット（タキシード）
The Evening/Dinner Jacket

白のタキシード
1960年
White tuxedo
歌手のアダム・フェイスが白のタキシードに、黒ではなく白のズボンを合わせている。イブニングウエアのズボンには、脇に特徴的なシルクの帯がつく。

19世紀中頃から服装がカジュアル化して着心地の良さが求められ、夜用の礼装も変化した。ブリーチズに代わる長ズボンと黒のテイルコートが標準スタイルとなっていたが、1850年代からくつろぐためのジャケットとしてディナージャケットが登場し、1886年にアメリカでタキシードという名前がついた。1950年代には、これが最も一般的な礼装となり、黒かクリーム色が主流だった。

ヘンリー・プール　1996年
Henry Poole
ヘンリー・プールは、初めてジャケット丈が短いディナースーツを作ったテイラー。19世紀中頃、当時の英国皇太子が略式ディナーパーティーのために黒のラウンジコートを注文し、このスーツが作られた。

ネールジャケット
1988年（左）
Nehru jacket

ネール首相が着たスタンドカラーのジャケットは、インドを訪れたピエール・カルダンにより1960年代に西洋で広まった。写真は、シンプルな黒の流行に逆らってスコット・クローラがデザインした豪華版。

イヴ・サンローラン
2007年
Yves Saint Laurent

ステファノ・ピラーティがデザインした黒のタキシード。シルク襟のジャケットと飾りボタンのドレスシャツは伝統的スタイルだが、わざとズボンを短くして足首を見せている。

テイルコート
1923年（右）
Tailcoat

テイルコート、ズボン、ベストにウイングカラーのシャツ、白のタイで完成された礼装は、俳優フレッド・アステアの不滅のスタイル。ズボンの裁断と下襟の幅に流行が表れる。

スモーキングジャケット
The Smoking Jacket

歴史的に、プライベートな時間に着る男性服は今よりカラフルでゆったりしていた。19世紀にはスモーキングジャケットが家でくつろぐ時の上着として流行。ジャケットの名前は、1850年代に強い煙草を吸う習慣が広まったことに由来している。柔らかく上質な生地で作られたゆとりのある短いジャケットで、多くはキルティングや縁飾りが施され、昼用や夜用のズボン、縁なし帽と合わせて着用された。

チャールズ・ディケンズ 1859年
Charles Dickens
19世紀のシンプルなスモーキングジャケットを着たディケンズ。ベルベットなど柔らかく着心地の良い生地で作られた。唯一の装飾は袖口の深い折り返しで、対照的なシルクで覆われている。

ボッテガ・ヴェネタ 2010年
Bottega Veneta
豪華な布地で知られるブランドの赤いシルクジャケット。スモーキングジャケットにリボンタイと白のソックスを合わせ、コレクションのテーマである<テディボーイ>を表現。

ポール・スミス
2002年(下)
Paul Smith
ポール・スミスのベルベットジャケット。片方のポケットに手作業で花が描かれている。花や鳥の手刺繍が施されていた19世紀後半のスモーキングジャケットから着想。

スモーキングスーツ
1906年
Smoking suit
ダブルのスモーキングジャケットと、ゆったりとしたパジャマ風のズボン。生地はインド産の軽いシルクで、豪華な印象と着心地の良さが特徴。

ミスター・フィッシュ
1970年
Mr Fish
合成繊維、ルレックスのジャケット。19世紀の派手なスモーキングジャケットの影響が見られる。アールヌーボー・スタイルのデザインの生地に、シルクの留め具と黒玉ビーズのタッセルが使われている。

シティスーツ *City Suits*

大量生産か注文服かを問わず、ビジネススーツは1950年代に都会的な服とみなされるようになった。だがその起源は、サヴィル・ロウが男性注文服の中心となった19世紀にさかのぼる。現在は多くのメーカーが伝統的なスーツを仕立てつつ、裏打ちやカフスボタンの数で個性を表現している。エドワード7世からエディ・スリマンまで、ファッションリーダーがスーツの形、色、着こなしなどのディテールに影響を与えている。

シティスーツ
1930年代
City suit
ラドフォード・ジョーンズがデザインしたウールのダブルスーツ。ピンストライプに4つボタンのスタイルは1930年代にファッショナブルなスーツとされた。パッドの入った広い肩と幅広の下襟が描く三角形に力強い男性の理想像が表れている。

サマースーツ
2009年
Summer suit
多くの伝統的スタイルが見られるポール・スミスのスーツ。1900年代の淡い色のサマースーツを思わせる生地は、1950年代のネイビーのピンストライプの色を入れ替えている。ジャケットは伝統的な仕立てで、幅の狭い下襟は1960年代風。股上の浅いズボンの裾は1900年代風。

ピンストライプ・スーツ
1970年代

Pinstriped suit

ジョン・ステファンズが帽子作家のデビッド・シリングのためにデザインしたスーツ。ウール地は幅の広いストライプで、非常にタイトなジャケットに巨大なパッチポケットがつき、伝統的な形からかけ離れている。幅広のズボンのフレアだけが1970年代の若者ファッション風。

ラウンジスーツ
1876年（上）

Lounge suit

左の2人はジャケット、ベスト、ズボンの揃いのラウンジスーツを着ている。ジャケットは一番上のボタンだけを留め、ストレートのズボンにはサスペンダーを使用。

茶色のスーツ
1960年代

Brown suit

1969年にサヴィル・ロウで作られたウールスーツのジャケット。グレー地に入った濃い赤茶色のストライプ柄が幅広の下襟と胸ポケットの部分でぴったり合い、トミー・ナッターが得意とする伝統的な仕立て技術が見られる。ビートルズやミック・ジャガーもナッターの顧客だった。

ブレザー *The Blazer*

ダブルやシングルの紺ブレザーは、英国スタイルの定番アイテムとなっている。原型は、1860年代に英国海軍の軍艦ブレザーの乗組員が着用したジャケットで、濃いブルー地に金属のボタンがついていた。1920年代に、対照的な白のフランネルのズボンと麦わらのカンカン帽と合わせて海辺やボートの上で着るスタイルが流行した。軍服風のボタン、ワッペン、ストライプ柄などが、所属組織を表す装飾として用いられる。

レジャーウェア
1873年
Sporting wear
イギリスのスタイル画。左側の男性が着ているゆったりしたシングルブレザーは、パッチポケットと袖口のボタンがついた当時の典型的なデザイン。軽く襟を折ったシャツと白いズボン、麦わらのカンカン帽で完成されたスタイル。

レアンダー
1995年
Leander
1880年代以降、ダークブレザーに白いフランネルのズボンの組み合わせが流行した。ネクタイと帽子のリボンのピンクは、テムズ川沿いにあるヘンリーのボートクラブ、レアンダーのシンボル。

イヴ・サンローラン
2010年
Yves Saint Laurent

冬のプレッピースタイルを模索したステファノ・ピラーティのブレザー。肩幅の広い角張った形に1950年代の女性服のような7分袖で、全体にドレープが入ったズボンとコーディネート。

トミー・ヒルフィガー
2008年(下)
Tommy Hilfiger

ダブルで6つの金属ボタンは伝統的なブレザーのスタイル。肩章とストライプ柄のインナーとズボンで、ネイビースタイルの影響と夏らしさを強調。

ポール・スミス
1995年(上)
Paul Smith

金ボタンがついた紺色のウールのブレザーは、普通のジャケットよりソフトな仕立て。シングルの3つボタンで、全体的にミリタリーよりプレッピーに近い。

ズボン *Trousers*

18世紀後半、長ズボンは労働階級だけがはくものだったが、19世紀前半には膝丈のブリーチズに代わって普及し始めた。最初は昼間だけ着用されたが、ウェリントン公爵（1769-1852年）が広めたことで、次第に晩餐会や儀式でも使われるようになった。それ以来、脚を見せるかどうか、留めるのに使うのはサスペンダーかベルトかという点で、主なバリエーションが生まれた。

パンタロン
1814年
Pantaloons
フランスのスタイル画。男性がはいているフィットした長ズボンは1790年代に登場し、パンタロンと呼ばれた。フィット性の高い機械織りの綿などで作られ、ボタンの留め具や革紐で留めた。

幅広ズボン
1923年
Bags
フレッド・アステアが折り返しのあるファッショナブルな幅広ズボンをはいている。この頃に、オクスフォード大学の男子学生が幅広のズボンをはき始めた。幅は60cmもあり、オクスフォード・バッグズと呼ばれた。

フレア 1968年(右)

Flares

ミスター・フィッシュがデザインした股上の浅いフレアズボン。中心に折り目がないのは1870年代の特徴。パジャマ風のゆったりしたズボンにミリタリー系ジャケットを合わせた。

スキニーカット 2006年(右)

Skinny cut

ディオール・オム時代のエディ・スリマンは細い脚のスタイルに力を入れていた。サスペンダーをつけたズボンで、1960年代の<ロンドンのモッズとスキンヘッド>というコレクションのテーマを表現。

コサックズボン 1820年代

Cossack trousers

ズボンの名前は、1814年にロンドンを訪れた皇帝アレクサンドル1世のコサック兵士から。ウエストバンドでギャザーを寄せ、生地は腰の部分で幅広く、足首では細くなっている。

FEMALE FORMAL

レディース・フォーマル

Female Formal

FEMALE FORMAL
レディース・フォーマル

インドロダクション *Introduction*

マーガレット王女
1960年
Princess Margaret
マーガレット王女のウエディングドレス。1960年代のウエディングドレスの手本となった。ノーマン・ハートネルのデザインで、硬いペチコートの上にはいたスカートには36mのシルクオーガンザが使われた。アクセサリーをつけずにダイヤモンドのティアラを強調。

19世紀、王室や宮廷での行事は最もフォーマルな場であり、豪華な衣装が必要とされた。20世紀初頭に女性の地位が社会、経済、政治的に変化し、それに応じて服装も変わった。1950年代のイギリスでは若い女性の社交界デビューを公式に披露する習慣がなくなり、豪華な衣服は主としてイブニングウエアや結婚式の衣装として使われるようになった。女性がさらに活動の場を広げ、男性と同じような生活スタイルになると、旅行やビジネスに向いた新しい衣服が必要になった。そのアイデアの源は、メンズウエアやミリタリー、歴史的スタイルに見出された。

ウィンザー公爵夫人
1937年
Duchess of Windsor

公爵夫人の婚礼衣装としてデザイナーのエルザ・スキャパレッリから購入したシルクオーガンザのイブニングドレス。シュールレアリスムの画家、ダリによるロブスターのデザインが使われている。

ランバン
1955年
Lanvin

ジャン・ドゥマシーが描いたランバンのイブニングドレス。歴史的スタイルのロマンチックなボリュームスカートと、袖なしで芯の入ったボディスが対象的。花やドレープは、ランバンが1920年代にデザインした18世紀風ドレスを参考にした可能性も。

カミーユ・クリフォード
1904年（左）
Camille Clifford

暗い色を単色で使ったイブニングドレス。ドレスの形を強調し、装飾をつけない肌の色とのコントラストを生む効果がある。

トゥッティ・フルッティ
1962年
Tutti Frutti

マリー・クワントのスーツは、実用的でスタイリッシュな仕事着を必要とした現代女性のためのデザイン。フランネル地はスーツによく用いられるが、パイ生地のような縁取りで普通と違った印象に。縁飾りのあるスーツが流行するきっかけとなった。

ウエディング *Weddings*

花嫁が白いドレスを着る習慣は19世紀、特に1840年のヴィクトリア女王の結婚式から広まった。比較的年齢の高い花嫁や未亡人、裕福でない花嫁は、結婚式のドレスをその後も引き続き使う当時の習慣に従い、手持ちの中で一番良いドレスを着ることもあった。19世紀のウエディングドレスは当時の流行が反映されていたが、ロングドレスが主流でなくなった現代では、花嫁が歴史的スタイルのドレスを着ることが多い。

エマニュエル
1979年
Emmanuel
1860年代のウィンターハルターの絵に触発されたドレス。象牙色のシルクタフタ地でピンク色のリボンと布製の花で飾られ、1981年のダイアナ妃のウエディングドレスに良く似ている。同じようなドレスが数多く作られた。

白のウエディングドレス
1825年
White wedding dress
白のドレスは1820年代に大流行した。このフランス製ドレスのように、ややハイウエストのAラインで、裾まわりに装飾があるスカートは当時の流行。

ウィンザー公爵夫人
1937年
Duchess of Windsor
ウォリス・シンプソンが結婚式に着たドレスは、メンボーシェイのデザイン。淡いウィンザー・ブルーのクレープ地で、帽子と手袋も共布。中央のひだと生地のドレープがドレスの優雅さと細い体形を強調。

ホニトンレース
1865年(右)
Honiton lace
ヴィクトリア女王のウエディングドレスはホニトンレースで飾られていた。それから25年後のドレスでも、その人気がうかがえる。スカートの下には、1860年代の巨大なクリノリンが着用された。
(p.191を参照)

クリスチャン・ラクロワ
2002年
Christian Lacroix
白いドレスに代わる赤の幻想的イメージを取り入れた豪華なウエディングドレス。インドとスペインの影響が見られる直線的デザイン。

舞踏会ドレス *The Ballgown*

いつの時代もフォーマルディナーや舞踏会などの華麗な舞台は、女性が上質な豪華ドレスを見せる機会となる。1950年代以降、イブニングドレスは19世紀中頃のドレスの曲線をベースにしてデザインされることが多い。贅沢な織地が使われ、スカートはボリュームのあるロング丈、胸元は宝石が見えるように大きく開いている。

ノーマン・ハートネル
1957年
Norman Hartnell
サテン地に贅沢な装飾を施したイブニングドレス。ハートネルがパリを訪問するエリザベス女王のためにデザインした。形には1860年代のドレスの影響が見られ、フランスにゆかりのモチーフで飾られている。(p.68-9を参照)

クリスチャン・ディオール
2010年
Christian Dior
ジョン・ガリアーノによるピンクと黒のオートクチュール・ドレス。下着をアウターとして使うトレンドを凝縮している。ボリュームスカートは1950年代風。

ザンドラ・ローズ
1981年

Zandra Rhodes

18世紀のエリザベス1世時代にアイデアを得た黒と金色のドレスで、ボディスはコルセット風。ラメ地とプリーツ使いでドレスの形を引き立てている。(p.60-1を参照)

メゾン・ラフェリエール
1900年

Maison Laferrière

デンマーク王女アレクサンドラのドレス。サテン地の芯入りボディスに7枚パネルのゴアードスカートで、真珠、ディアマンテ、スパンコールの豪華な装飾。裳裾に芯入りの縁取りがつき、優雅なシルエットが長く伸びる。ヨーロッパ王室の衣装を手がけたフランスの有名な高級服メーカーが制作。

舞踏会ドレス
1820年(上)

Ball dress

19世紀前半の舞踏会ドレスは、2つの層を重ねて透かし絵のような効果が出ている。機械織りの絹のボビンネットで作られたオーバードレスは金属の装飾がつき、ブロンドレースで縁取り。(p.70を参照)

FEMALE FORMAL

セレブリティドレス
The Red-Carpet Gown

見る人に強烈なインパクトを与えるようにデザインされたセレブリティドレスには、人を驚かせる要素がある。王族や芸能界の有名人は、かねてからファッションリーダーとなることが多かった。メディアの注目を集める有名人が豪華なオートクチュール・ドレスを着るアカデミー賞授賞式などの祭典は、デザイナーの才能を披露する場でもある。ドレスが認められれば、それを着た有名人がファッションセンスの高さを評価されたことになる。

シャネル
1932年(左)
Chanel
鮮やかなサックスブルーのサテン地をベースにした魅惑的なドレス。同じ色のスパンコールで完全に覆われている。ボディスの前側は深いVネックだが、背中側のV字はさらにウエストまで開いて強烈なインパクト。(p.68-9を参照)

ヴェルサーチ
1994年
Versace
エリザベス・ハーレイのモデルとしてのキャリアは、この最も有名なセレブリティドレスから始まったとか。パンク風に露出度が高く、安全ピンでつないだようなデザインはヴェルサーチの巧妙な仕掛け。

ステファン・ローラン 2009年

Stephane Rolland

1980年代のTVドラマ<ダイナスティ>と建築に触発されたデザイン。黒のルレックス地のオートクチュール・ドレスは、ギャザーを寄せたタイトな形に大胆な裳裾がついている。シェリル・クロウがTV番組<Xファクター>で着用。

バレンシアガ 1955年

Balenciaga

V字ラインにバッスル風のバックスタイルがこのドレスのポイント。立体芸術のような形は、ドレープを寄せた生地とリボンで仕上げた三角形のワイヤーで作られている。

バルマン 1950年代

Balmain

宮廷舞踏会用とされるバルマンの豪華なドレス。ルサージュの刺繍、ルマリエの羽毛など、パリのさまざまなアトリエで技術者が精密な手作業を行ったことがうかがえる。

ブラックドレス *The Black Dress*

女性服に使われる黒には複雑な歴史がある。無色であることから特に19世紀に喪服として用いられるとともに、対照的な色やレースやビーズなどの素材をあしらうことで劇的な効果を生む色としても使われた。1920年代にシャネルなどのデザイナーが、その頃登場したカクテルアワーをはじめ、あらゆる場面で使える丈の短い黒のシンプルドレスというコンセプトを広めた。

ランバン
2010年
Lanvin
アルベール・エルバスによる左右非対称のドレス。ネオクラシックを思わせるドレープに、1980年代のゴシックの魅力を組み合わせた。柔らかいレザーの深い折り目から、光の反射で微妙な色調が生まれる。

ティエリー・ミュグレー
1999年（右）
Thierry Mugler
ミュグレーのイブニングドレスは、彫刻のような力強いシルエットが黒で引き立っている。細長いビーズが深いネックラインを強調して、ゴシック風の尖った印象に。

イブニングドレス 1894年

Evening dress

絹のベルベットドレスの大きな袖は1890年代の流行。ビーズ、スパンコール、チュールが質感を生んでいる。ニューヨークのデパートで売られたが、パリ製ドレスを真似たものだろう。

ジーン・シュリンプトン 1960年代

Jean Shrimpton

シンプルなブラックドレスは、オードリー・ヘプバーンがジバンシィのデザインを着て登場した『ティファニーで朝食を』などの映画で、1960年代前半に流行した。写真のドレスは、背中の深いドレープを白い花で印象づけている。

葬儀用ドレス 1817年

Mourning dress

ジョージ4世の唯一の子、シャーロット王女の葬儀で着用された黒のイブニングドレス。当時の流行でウエストラインが非常に高く、装飾で黒地に質感を与えている。

スーツ *The Suit*

短いジャケットとスカートからなる女性用スーツは、男性服をベースにした女性用乗馬服から次第に広まった。乗馬や散歩に適した実用的な衣服とされ、1890年代頃からは活動的な女性のライフスタイルが反映されるようになった。ビジネスの世界で女性が重要な役割を担うようになると、スーツは働く女性に欠かせないアイテムに。

リネンスーツ
1894年
Linen suit

ジャック・ドゥーセは、繊細なイブニングドレスだけでなく普段着スーツなどの実用的衣服でも評判が高かった。ジャケットの下襟は幅広で男性的。羊の脚のような形のジゴ袖がついている。

乗馬用ジャケット
1750-59年
Riding jacket

乗馬用ジャケットは、広い袖口や銀色の組み紐で飾られた大きなポケットなどの男性的なデザインを残しつつ、女性の身体に合わせた形で作られた。

ニュールック
1947年(右)
'New Look'

ディオール最初のコレクションの代表的スーツ。『ハーパース・バザー』誌のカーメル・スノーが<ニュールック>と名づけた。戦時中は膝丈のストレートスカートが主流で、ボリュームのあるスカートとコルセットを入れたジャケットは衝撃的だった。

カーキ色のカジュアルスーツ
2009年(左)
Khaki casual suit

ケンゾーのアントニオ・マラスがロシア史に触発されてデザインした、ロマンチックなカーキ色のスーツ。幅広のベルトでウエストをマークし、袖口にカフスではなく毛皮をあしらうことで、男性的なアイテムを女性らしい雰囲気に。

パワースーツ
1986年
Power suit

エディナ・ロネイのビジネススーツ。ベルベットのポケット、襟の折り返し、男性服のような形などが乗馬用ジャケットを思わせる。スカートは細身で短く、パッドの入った肩に視線が集中。

スカート *The Skirt*

20世紀後半、若者向けファッションでは上下が分かれた衣服が大勢を占めたが、高級ファッションの世界では、スカートは昼用や夜用のスーツの一部として用いられた。1970年代までは、流行によってスカートの長さや形が決まっていたが、それ以降は自由なスタイルになっている。

ビバリー・シスターズ
1959年
Beverley Sisters

ナット・キング・コールと写真に収まるビバリー・シスターズ。1950年代後半に流行したバルーンスカートに、幅広のサッシュベルトでウエストをマーク。1959年にブリジッド・バルドーがピンクのギンガムチェックのウエディングドレスを着たことで、チェック柄が流行。

ルイ・ヴィトン
2010年
Louis Vuitton

1950年代は、ブリジッド・バルドーなどバストとウエストを強調した女性的ファッションが流行した。マーク・ジェイコブスは、ボリュームのある当時のギンガムチェックの夏用スカートを冬のプレード地に応用。

イヴ・サンローラン
1976年

Yves Saint Laurent

1910年代のロシアバレエ団の舞台と衣装からアイデアを得た1976年夏のコレクション。金色の縁取りに対照的な黒とオレンジのシルクが贅沢に使われ、2枚のスカートに見える。

バーバリー・プローサム
2010年（下）

Burberry Prorsum

細身のミニスカートがネオクラシック風ドレープで豪華な印象に。チューリップの形をしたシフォンのミニスカートは<ループノット>と呼ばれ、ジャケットにも同じデザインが使われている。

ビル・ギブ
1974年（左）

Bill Gibb

かっちりとしたジャケットに、刺繍入りチュールで作られたロング丈のギャザースカートを合わせたイブニングウエア。大きなカンバスに見立てたスカートに、レースと刺繍で田園風景が描かれている。

パンツスーツ *Trouser Suits*

女性のパンツスーツがフォーマルとして確立するまでには、長い時間がかかった。19世紀、欧米の政界や芸能界でパンツスーツを着る女性もいたが、ズボンが女性のフォーマルとして認められたのは、1966年にイヴ・サンローランが、男性用のディナージャケットとズボンをもとに女性のイブニングスーツをデザインして評価された後だった。

サラ・ベルナール
1872年
Sarah Bernhardt

国際的に有名なフランス人女優のサラ・ベルナールは、映画『ハムレット』をはじめ18作品にズボン姿で出演している。フランスでは法律で禁止されている女性のパンツスタイルを支持した。写真は女性的な仕立てのパンツスーツ。

アルマーニ
1990年
Armani

上質なシルクとスパンコールで作られたアルマーニのパンツスーツ。パッドで大きく見せたジャケットの肩から、スパンコールを施したパンツまで一直線のラインを描く。

アンソニー・プライス 1977年

Anthony Price

プライスは1970年代にバンドのロキシー・ミュージックの衣装をはじめ、魅惑的な男性服と女性服のデザインで定評があった。このディナージャケットは男性用デザインをベースにしながらウエストが細く、シャツなしで着用された。

タキシード 2002年（右）

Le Smoking

イヴ・サンローランが1966年に発表して以来、タキシードのスーツはブランドの定番アイテムに。男性服のデザインをもとに女性向けの実用的な服を作りたいという願いがあった。

ベッツィ・ジョンソン 2001年（左）

Betsey Johnson

ニューヨークのデザイナー、ベッツィ・ジョンソンは身体にフィットした鮮やかな色彩の服など、開放感のある独創的スタイルで知られている。写真のベルベットのパンツスーツは、ウエストの細いジャケットに18世紀風ブリーチズの組み合わせ。

MALE CASUAL メンズ・カジュアル *Male Casual*

イントロダクション *Introduction*

女性服ほど流行の影響を受けない男性服では、身体の締めつけが少なく、軽くて着心地の良いデザインが求められやすい。服作りの中心がテイラーからデザイナーへ移行したのもその表れだ。1970年代以降、デザイナーは伝統的な慣例を意識しつつ、それに斬新な解釈を加えている。その結果、男性服の選択肢は、イギリスの田園地帯に住む紳士風スタイルからレザーで身を包んだ反逆スタイルまで多岐にわたるようになった。

**レザーシャツ
2010年**
Leather shirt
素材の発達が衣類にどのような変化をもたらすかが、夏用のレザーシャツに表れている。写真のドルチェ＆ガッバーナのシャツなど、従来よりも軽いソフトレザーがこの数年で作られている。

**トレンチコート
2006年（右）**
Trench coat
トレンチコートは世界的に流行し、デザイナーは伝統的スタイルをベースに新しいデザインを次々に生んでいる。写真の例は、コートの丈が太ももまで短くなり、ディオールらしいミニマルで細身のシルエットを演出。

レザールック
1970年代
Leather look

キャップ、ベスト、パンツ、プラットフォーム・シューズを茶色のレザーで揃えた、代表的な<ソウル・ボーイ>スタイル。エロール・ブラウンやアイザック・ヘイズなどのミュージシャンによって、1970年代前半の英米で流行した。

カジュアルパンツ
1985年
Casual Trousers

ジョルジォ・アルマーニは、1980年の映画『アメリカン・ジゴロ』でリチャード・ギアの洗練された衣装をデザインした。シルクウール混合の上質生地で作られたパンツは、豪華なカジュアルスタイル。

チェック柄のシャツ　1957年
Checked shirt

この年にシングルがヒットしたジム・デールのステージ衣装は、チェック柄シャツとカジュアルパンツ。ネクタイなしのシャツは、アメリカの作業着とカウボーイのスタイルに由来。

トレンチコート
The Trench Coat

トーマス・バーバリーがデザインした英国陸軍省の将校用レインコートは、第一次世界大戦中に塹壕《トレンチ》で兵士が着たことからトレンチコートの名前がつけられた。バーバリーが開発した防水ギャバジンで作られ、背ヨーク(当て布)、バックル付き袖口ベルト、肩章、右肩のガンフラップ(当て布)、フラップ付きポケットが特徴。

ハンフリー・ボガート
1943年
Humphrey Bogart

ハンフリー・ボガートが映画『カサブランカ』で、軍服ではなくビジネスのイメージを吹き込んだこともトレンチコートが流行した理由の1つ。ベルトを結び、フェルトの中折れ帽をかぶったスタイルには独特の雰囲気があった。

ポール・スミス
2010年
Paul Smith

軍服の迷彩色のイメージをくつがえす、鮮やかな赤のトレンチコートに同じ色のパンツと靴の組み合わせ。実用的な防水の綿やウールとは対照的なシルクが使われている。

ラフ・シモンズ 2010年(右)
Raf Simons
シモンズがデザインしたトレンチコートは伝統的な色と生地だが、裁断は大胆。背ヨークとガンフラップに始まる横のラインを生かして、3枚の服のような外見に。

エルメス 2010年(下)
Hermès
ソフトレザーを使った夏服のトレンドを取り入れたトレンチコート。エルメスの歴史や乗馬用の鞍などの革製品も連想させる。ふんだんに使われたレザーとトープ(灰色がかった茶色)で贅沢な印象。

ロード・ジョン 1968年(左)
Lord John
帽子作家のデビッド・シリングが、カーナビー・ストリートにあるロード・ジョンの店で購入したロングのトレンチコート。細身の裁断と目立つ色の飾りステッチは、当時の流行。

ホワイトスーツ
The White Suit

フランスのスタイル画
1920年代
French fashion plate
1910年代から20年代前半のスーツは、なで肩で細身のジャケットにスリムパンツという組み合わせだった。淡い色のスーツに黒いネクタイと靴の上にかぶせたスパッツが、都会的な印象を与える。

パンツやジャケットの流行とともにスーツのデザインも変化し、淡い色のスーツは19世紀後半から人気を集めてきた。男性服がフォーマル感を薄め、ヨットなどのレジャーで使われる淡い色や軽い素材の服が都会でも取り入れられたことが、ホワイトスーツの変わらない人気に表れている。20世紀に入ってドレスコードが緩み、淡い色がイブニングウエアとしても受け入れられるようになった。

ヴェルサーチ
2010年
Versace
さまざまな淡い色を使ったヴェルサーチのサマースーツ。伝統的フォーマルの仕立てに現代的レイヤード・ルックの組み合わせ。尖った菱襟のダブルジャケットは、ボタンの代わりにバックルで留める。

フランネルスーツ
1904年(左)

Flannel suit

真珠母貝のボタンがついたフランネルスーツ。1890年代、このような淡い色のスーツがサマーウエアとして流行した。ダブルジャケットのデザインは、船乗りが着たリーファージャケットに由来。

リージェンシー・スーツ
1972年(右)

'Regency' suit

ブレーズのリネンスーツは、ウエストの縫い目などのジャケットのデザインが19世紀前半の摂政《リージェンシー》時代を思わせる。ただし股上の浅いフレアパンツは1970年代のトレンド。

トミー・ナッター 1973年(上)

Tommy Nutter

1977年の映画『サタデー・ナイト・フィーバー』で主演のジョン・トラボルタが、白のスリーピース・スーツに黒のオープンネック・シャツで登場。ネクタイなしで着る淡色スーツはカジュアルなイブニングウエアとして流行した。

ジャケット *Jackets*

パーフェクト・ジャケット
Perfecto jacket
アーヴィング・ショットは1928年に初めてライダースジャケットをデザインし、好きな葉巻の名前から<パーフェクト>と名づけた。斜めのジッパーポケットがついたライダースは、マーロン・ブランドによって反逆スタイルの定番に。

男性のフォーマル服離れに影響され、20世紀後半にカジュアルジャケットが人気を高めた。第二次世界大戦後の若々しく活動的なライフスタイルを反映して、ミリタリージャケットのディテールを転用したさまざまなジャケットが登場した。そうしたジャケットは、個性や集団への所属を表現し、現代では新しいデザインに挑戦するデザイナーにとって欠かせないアイテムとなっている。

米軍のフライトジャケット 1950年代
US Aviator jacket
フライトジャケットは、シープスキンなど暖かい素材で裏張りされたウエスト丈の革ジャケット。もとは米空軍のパイロットが着たもので、新品やヴィンテージ品が広く流行。

スタジアムジャンパー 2010年

Baseball jacket

チームカラーやロゴなどを廃し、夏らしいパステルカラーにハワイのパイナップルが描かれている。米英の伝統スタイルに対するポール・スミスらしいアプローチ。

カントリージャケット 1994年

Country jacket

茶色のコーデュロイ地で作られた2つボタンのシングルジャケットは、ジョー・ケイスリー・ヘイフォードのデザイン。洗練された都会的アイテムとなったカントリースタイルの一例。英国紳士風スタイルとして知られる。

ミリタリージャケット 2006年(右)

Military jacket

ステファノ・ピラーティがイヴ・サンローランでデザインしたミリタリー風ジャケット。前裾が斜めになった19世紀のスタイルにネールカラーを組み合わせ、戦闘服のような肩章とプリーツ入りポケットがついている。

ジーンズ *Jeans*

ジーンズという言葉は、イタリアのジェノヴァをフランス語読みした＜ジーン＞に由来し、もとは港湾労働者がはいた目の粗い生地の丈夫なズボンを指した。その後、アメリカで生産され、アメリカを代表する男性服の主要アイテムに。ジーンズが持つ勇ましいカウボーイのイメージは、『荒野の七人』などの映画で不滅となり、ロックンロールのスターがさらに強めた。現在は数多くのジーンズ専門メーカーがあり、ほとんどの大手デザイナーブランドも扱っている。

D&G
2010年(上)
D&G
D&Gはドルチェ＆ガッバーナのセカンドライン。ジーンズのブランドとして1994年にミラノで発表された。引き裂かれたジーンズは若く魅惑的なパンクスタイルの復活。

リーバイス501
Levi's 501 jeans
リーバイスは、リーバイ・ストラウスとテイラーのヤコブ・デイビスが1853年に創業し、アメリカ西部で働く男性用の丈夫なジーンズを生産した。1950年代には東部でも売られるようになり、『乱暴者』などの映画で反抗的なイメージも生まれた。(p.34を参照)

ヴィンス
1960年（下）
Vince

写真のジーンズは男性らしい身体のラインが出るデザインで、カーナビー・ストリート初の男性用ブティック、ヴィンスのモデルが購入した。当時、男性的なラインは英国よりもヨーロッパ風とみなされた。

アレキサンダー・マックイーン
2008年（左）
Alexander McQueen

1950年代のロカビリーをテーマにした膝下丈のジーンズ。サイズの大きなラウンジジャケットと合わせて、スリムな若々しい印象に。

エルヴィス・プレスリー
1950年代（右）
Elvis Presley

この時代にラングラーやリーなど、リーバイスの競合メーカーが登場。エルヴィス・プレスリーらロックンロールのスターによってジーンズやデニム地の服がさらに流行。

ズボン *Trousers*

さほどフォーマルでない場面ではくズボンは、20世紀の流行や生地の発達に強い影響を受けている。デザイナーは慣習に従わなくなり、同じコレクションでスキニーパンツとバギーパンツが同時に出てくることもある。レザーなどの素材やミリタリーなどのスタイルを何度も試して作り変えるデザイナーもいれば、ゴルチェやマックイーンなど裁断や色で伝統的な男性らしさに挑戦するデザイナーもいる。

D&G
2010年
D&G
2010年夏のコレクションで発表された革のパンツ。素材によって季節が限定されなくなった。裕福なヨーロッパの若者のイメージは、1950年代アメリカのオートバイやロックスターのイメージとは対照的。

ロックンロール
1960年
Rock'n' roll
当時、英米のロックンロール・ミュージシャンの間ではレザーが人気だった。右端のジーン・ヴィンセントは全身をレザーで包んだステージ衣装で知られた。

アレキサンダー・マックイーン 2005年(左)

Alexander McQueen

マックイーンはこのコレクションで、シンプルなミリタリースタイルと色彩に富んだ華やかなアイテムの組み合わせを実験。グレーのカーゴパンツにインドミラーの模様が入ったトップスの組み合わせ。

ロカビリー 1980年

Rockabilly

派手なピンクのパンツは、1980年代前半、ロンドンのロカビリースタイル。アメリカのロックスター、エディ・コクランの影響が見られる。

ゴードン・デイトン 1968年(右)

Gordon Deighton

安っぽい絞り染めの綿の服は、普通は1960年代のヒッピースタイルを思わせるが、このパンツは絞り染めの絹で作られ、ロンドンのピカデリーにある高級デパート、シンプソンズが販売。

シャツ *Shirts*

シャツは20世紀まで主に肌着に近く、襟と袖口以外は上着の下に隠れて見えなかった。19世紀後半に柔らかい襟がついたシャツがクリケットなどのスポーツで使われ、シャツは徐々に外から見えるものに変わっていった。ネクタイなしのカジュアルスタイルでは、デザイナーはシャツを使って伝統的な形や素材に挑戦している。

パステルカラー
1968年
Pastel
ゴードン・デイトンが1968年にデザインしたピンクの綿シャツ。19世紀の襟なしシャツのような裁断で、前身頃の装飾は女性服によく使われるイギリス刺繍を思わせる。

ロマン派
1750-1800年
Romantic
ギャザーを寄せた正方形や長方形のリネンに、襟と袖口をつけて作られたシャツ。ボリュームのある袖は、1960年代のダンディシャツや1980年代のニューロマンティックスに影響を与えた。

モッズ
2006年(右)
Mod

モッズシャツを再構成した袖なしバージョン。1960年代をテーマにしたエディ・スリマンのコレクションで発表された。細長いシルエットを強調し、若々しい体形を誇示。

アート
2010年(下)
Art

2010年1月、アレキサンダー・マックイーンがミラノで秋物のメンズ・コレクションを開催。カンバスに見立てたシャツから、目出し帽と手袋まで絵の具が飛び散ったようなデザイン。

刺繍飾り
1540年代
Embroidered

16世紀、外から見えるシャツの襟と袖口には、フリルと刺繍があしらわれた。写真のリネンのシャツは、スタイリッシュなオダマキの花と葉のデザインが上質な青い絹糸のクロスステッチで刺繍されている。

ニット *Knit*

編物は古代からある技術だが、現在これほど広まったのは、クリケット、ゴルフ、ヨット、スキーなどのアウトドアスポーツでセーターが着られているためだ。イギリスには地域独自の模様編みがあり、アイルランドのアランはU字縄編み針で独特の模様を編み込む。スコットランドのフェアアイルは、水平方向に色とりどりの幾何学模様が入る。

アレキサンダー・マックイーン 2006年
Alexander McQueen
複数のスタイルを融合したデザイン。フェアアイルセーターは英国紳士風スタイルと相性が良いが、敢えてマフィア風パワー・ファッションと組み合わせた。

フェアアイル 1931年
Fair Isle
表編みに地色を使い、裏編みに模様の色を使ったメリヤス編みで模様が作り出されている。シェットランド諸島で始まった特徴的なストライプ模様も同じ編み方。

雪柄
2010年(右)
Snowflake

D&Gは2010年冬のコレクションで、雪の結晶とトナカイの模様が入ったニットを発表。明るく楽しい柄は、スキーやクリスマスのイメージが強い。

アラン
2010年
Aran

ゴルチェはレディースでもメンズでも、豪華アイテムとして独特のアランセーターをコレクションに登場させる。こうした手編みニットは織地の品質と手工芸としての価値が認められる。

FEMALE CASUAL

レディース・カジュアル
Female Casual

イントロダクション *Introduction*

女性のライフスタイルの選択肢が広がった19世紀末から、女性用のカジュアルや上下別々のアイテムが発達した。1920年代のシャネル、1960年代のイヴ・サンローランやマリー・クワントなど多くのデザイナーが、楽に着られる実用的な服を広めた。最初はメンズウエアをベースにし、ミリタリーなどのスタイルから影響されることが多かった。1950年代になって、女性のパンツスタイルがカジュアルとして広く受け入れられた。

マリンルック
2006年
Nautical

2006年夏のケンゾーのファッションショーは、背景に波が描かれ、テーマは<航海>。ネイビーブルーと白に少し赤が入った配色、水兵のようなフレアパンツ、スコットランド風の小さなベレー帽が海のイメージ。

スラックス
1950年代
Slacks

パンツは1950年代に女性のカジュアルアイテムとして受け入れられた。フィット性の高いタイトパンツは1950年代後半から1960年代前半にかけて流行。サイドのファスナーで留めるタイプが多かった。

ミリタリー
2010年(左)
Military

セリーヌのフィービー・フィロによる革の縁取りのAラインミニスカート。ミリタリーの流行をミニマルな手法で取り入れた。スカートを重ねたように見えるが、下から出ているのはシャツの裾。

ユーモア
2010年
Humorous

異なる季節の服がデザイナーに新しいテーマへの挑戦を促すこともある。遊び心のある服で定評のあるジャン・シャルル・カステルバジャックは、スカートに<楽園の島>のテーマをユーモアたっぷりに取り入れた。

プレッピー
1980年代
Preppy

飾りのないシンプルな上下にブレザーの組み合わせは、1980年代前半の北米とイギリスで流行したプレッピースタイル。ハイネックとフラットシューズでさわやかなコーディネートが完成。

トレンチコート *The Trench Coat*

トレンチコートはバーバリー（p.110を参照）のイメージが強いが、アクアスキュータムなどの高級服メーカーもトレンチコート作りの長い歴史を誇る。映画やテレビドラマの影響で、1960年代の英国上流社会やシークレットサービスを連想させる。伝統的なイギリスのレインコートから今では国際的アイテムとして認知され、デザイナーはトレンチコートをベースにした新たなデザインに挑戦し続けている。

ゴルチェ
2002年
Gaultier
ゴルチェのトレンチコート。伝統的な色、ボタン、バックルが使われているものの、形が身体のラインを強調し、肩を覆う襟からレースのランジェリーを見せている。

ディオール
2010年（左）
Dior
ローレン・バコールなどの女優が主演した1940年代の映画から影響を受けて、ジョン・ガリアーノがデザインしたトレンチコート。色、ボタン、ベルトは伝統的だが、実用的なレインコートが装飾性の高い上着に。

トレンチ 1963年(右)

Trench

ジョン・フレンチの写真から、トレンチコートが射撃などのアウトドアで着るイギリス風レインコートの典型だったことが分かる。TVドラマ『アベンジャーズ』に出てくる秘密諜報員のイメージでもある。

バーバリー 2010年(下)

Burberry

ルーシュを入れて膨らませた肩のトレンドを取り入れた、バーバリーの夏用トレンチコート。素材はピンクの綿地で、結び目の形の肩章やキャンバス地に金属のベルトもミリタリー風。

ラクロワ 2005年(左)

Lacroix

ラクロワがデザインした豪華な装飾のトレンチコート。スカートの形を強調し、よく使われるギャバジンの代わりにダッチェスサテンという高級素材を用いた。手彩色された生地に輝くビーズが飾られて、イブニングウエアのような印象。

ジャケット *The Jacket*

女性用ジャケットは実用的アイテムとして発達した。19世紀にはマントやコートが不要な季節の外出着として使われたが、交通手段の発達や自動車やバイクの登場でコートよりも実用的になった。かつては乗馬やスキーなどのスポーツで用いられ、その後、洗練されてはいるが比較的フォーマルでない場で着用される服となった。男性用ジャケットをベースに作られることが多い。

バー・ジャケット
2004年
'Bar' jacket
2004年夏のディオールのバー・ジャケット。1947年のクリスチャン・ディオール初のコレクションで発表されたジャケットのパッド入りペプラムを取り入れた。ディオールを代表するジャケットを要望されて作ったものらしい。

レザージャケット
1990年
Leather jacket
キャサリン・ハムネットは、黒いレザーのパーフェクト・ジャケットを装飾用の反射面として、また環境問題へのメタファーとして利用。背中に「Clean Up of Die／浄化か、それとも死か」のメッセージ。

スペンサージャケット
1818年(左)
Spencer jacket

ジャケットの名前は、1970年代にテイルコートのような裾のない短いジャケットを流行させた、英国のスペンサー伯爵から。ネオクラッシックのシルエットにもよく合う実用的アイテム。(p.43を参照)

ブレザー
2006年(右)
Blazer

バレンシアガのニコラ・ゲスキエールによる夏のコレクションは、装飾的でダンディな男性風スタイルがテーマ。幅広のストライプに記章をつけたカジュアルブレザーに、女性的なフリルのブラウスとローライズのパンツをコーディネート。

ミリタリージャケット
1942年
Military jacket

肩パッドが入ったブルゾン風ジャケット。バックルのついたベルトなど、軍隊の戦闘服がベースになっている。衣料品が配給制だった戦時中に、実用本位衣料計画《ユーティリティ・クロージング》の下で、おそらくヴィクター・スティーベルがデザインしたもの。

ブラウスとシャツ *Blouses & Shirts*

19世紀後半にスーツや上下別々のジャケットとスカートが登場し、女性用のブラウスやシャツが必要になった。最初は男性用シャツをもとに、薄手の生地でコルセットのラインが出るようにデザインされた。20世紀の大半は、ワイシャツ風の襟で、袖を膨らませたロマンチックなシャツが優勢だった。デザイナーは他の文化やアンチモードを取り入れながら、新たな形を模索している。

ミュウミュウ
2010年
Miu Miu
きらびやかなブラウスは、かっちりとしたワイシャツ風の襟と、透けて見えるパーツが対照的。袖にはスモッキングが施され、クリスタルの装飾で豪華な印象。

エドワード王時代
1902年
Edwardian
写真のアレクサンドラ王妃は、レースで飾られた白いハイネックブラウスにスカートという典型的な昼間の服装。前身頃の装飾とギャザーの袖が細いウエストを強調している。

ダンディ
2006年(下)
Dandy
バレンシアガのダンディ・コレクションより。ニコラ・ゲスキエールは16世紀のひだ襟と1900年代のハイネックブラウスのデザインを取り入れた。色をクリームと白に限定することで、服の質感が際立つ。

農民風
1976年
Peasant
イヴ・サンローランのロシア・コレクションで発表されたブラウス。色彩豊かなモロッコの生地からも影響を受けた。シンプルな形と大きな袖でたっぷりと刺繍模様を見せている。

ロマン派
2005年(右)
Romantic
透けるシルクシフォン地で作られたロマンチックな農民風ブラウス。ゴルチエがエルメスでデザインした。模様は18世紀フランスの豪華ファッションを引き立てたトワル・ド・ジューイ（エッチング調プリント)の一種。

FEMALE CASUAL

パンツ *Trousers*

カジュアルな女性用パンツは男性用をもとに作られることが多かった。1920年代から存在していたが、広く受け入れられたのは1950年代以降で、カプリパンツとローライズが2大流行アイテム。カプリパンツはエミリオ・プッチがデザインした7分丈の先が細いパンツで、ブティックの本店があったカプリ島から名づけられた。ローライズはアレキサンダー・マックイーンが1995年春に発表。

ベルボトム
1961年
Bell bottoms
マリー・クワントがデザインしたパンツは、膝下にフレアが入る流行のベルボトム。パンツの形と前についた4つのボタンは、18世紀の水兵のズボンからアイデアを得た。

レザー
2010年
Leather
バルマンのショーで発表されたクリストフ・ドゥカルナンのパンツ。スキニーな長い脚のシルエットは、エディ・スリマンが最初にメンズで導入した。最近の柔らかいレザー素材を鮮やかな赤でミリタリー風に。

ローライズ
2001年（左）
Low-rise
ソニア・リキエルの2001冬のコレクションに登場した超ローライズパンツ。男性フォーマルのフランネルズボンをもとにしたデザインで、前にプリーツが入り、ウエストバンドが突き出ている。

フレア
1971年（上）
Flares
ファルマーズのパンツは、気球《バルーン》のような形から<ルーンズ>と呼ばれた。非常に幅広のフレアで前開きは男性用ズボンの仕立て。

カプリパンツ
1950年代
Capri pants
シルクの細身カプリパンツに暗い色のベルトで、グレース・ケリーの細いウエストが強調されている。シルクシャツとエスパドリーユ（布製の柔らかい靴）でカジュアルでも上品な印象。

スカート *The Skirt*

スカートは19世紀まで、長い外衣の前部分から見えるだけのペチコートだったが、1860年代から独立して発達した。スーツなど実用的な服が必要とされるにつれて1950年代に上下別々のカジュアルな服が広まり、スカートは女性ファッションの重要アイテムになった。こうした経緯から、スカートには文化や生地や流行の変化が反映される。

ペンシルスカート
2010年
Pencil skirt

フォーマルなペンシルスカートは、歩きやすくするため後ろにキックプリーツやスリットが入るのが普通。クリストファー・ケインは代わりに2本の長いサイドスリットを入れ、1950年代風のギンガムチェック地を使用。

ボリュームスカート
1955年
Full skirt

スウィングが流行した1950年代は、ボリュームのあるスカートが人気だった。脚の動きを制限せず、ダンスを盛り上げた。

ストライプ
1932年
Stripes

ストライプを巧みに使ってウエストとシルエットを引き立てたニコル・グルーのスーツ。丈の短いシンプルなジャケットがスカートに視線が集める。バイアスカットのスカートは前中心でストライプを合わせた。

ミニ
1960年代
Mini

ちょうど膝上丈のスカートは、1970年頃に丈が最も短くなるミニスカートの流行の先駆けだった。素材はおそらくウールか合成ジャージー地。チェック柄でシンプルな形が引き立つ。

エスニック
1981年
Ethnic

<ナバホ・ルック>として知られるラルフ・ローレンのデザイン。ウールのスカートにシルバーとトルコ石のベルトを組み合わせたスタイルは、アメリカ先住民であるナバホの衣服の色や柄から。

ニット *Knit*

　編物は古代からあるが、ニットのセーターやカーディガンがファッションの主要アイテムとなったのは1920年代から50年代だった。スキーなどのスポーツが盛んになり、温かい衣類が必要となったことも要因の1つ。機械編みは19世紀後半からあったが、これまでに何度か手編みニットがリバイバルした。デザイナーは伝統的な編み模様だけでなく、編物の新しい装飾効果も取り入れている。

ボディマップ 1985年
Body Map
スティービー・スワードとデビッド・ホラーが1980年代に立ち上げたブランドで、斬新なニットウエアが有名。代表作のレイヤード・ニットは、タイトなワンピースの前側にニットの帯が水平に取りつけられている。

ソニア・リキエル 2008年(右)
Sonia Rykiel
ソニア・リキエルは、ブランド定番のストライプ柄を使ったニットウエアで定評がある。ショート丈の色鮮やかなセットアップ。ワンピースよりも幅広のストライプで質感のある素材をジャケットに使った。

セーター・ガール 1950年代(左)

Sweater girl

1950年代に流行したVネックと7分袖のニットは、身体にフィットする形が特徴。<セーター・ガール>の愛称で知られるラナ・ターナーなどのアメリカ人女優が着て、人気アイテムに。

ニットスーツ 1967年(下)

Knitted suit

サリー・レビソンのニットスーツ。セーターやカーディガンと違ってスーツは珍しい。1960年代のデザイナーは、従来のアイテムに意外な素材を取り入れた。

エルザ・スキャパレッリ 1927年(上)

Elsa Schiaparelli

スキャパレッリのパリ・デビューを支えた手編みニット。後にネクタイやハンカチをトロンプルイユで取り入れたセーターを作る。1920年代はカジュアルなトップスの需要が高まった。

MALE LEISURE

メンズ・レジャーウエア

Male Leisure

イントロダクション *Introduction*

メンズウエアは常に身体を解放する方向へと進化し、スポーツや旅行を通じて個人のスタイルが表現されるようになった。1970年代からはマッチョな筋肉質やスリムなボディラインなど、時代に応じて理想とされる体形作りに関心が集まった。デザイナーは、スポーツウエア、ミリタリー、歴史的スタイル、さらにはファッション以外の文化や新しい技術からアイデアを得て、ハイテク繊維で未来的デザインを生み出す一方、伝統的な高級感も追及している。

ポール・スミス
2005年
Paul Smith
ターコイズブルーの服地に、赤、ピンク、黄色のバラを不規則に散りばめた派手なズボン。18世紀のヒッピースタイルの影響を受け、ミリタリースタイルを逆手に取ったデザイン。

ドゥーセ・ジュネ
1890年
Doucet Jeune
機械織りシルクの下着。贅沢な暮らしぶりで知られたアングルシー公爵が、同柄の長ズボン下とともにパリで購入したもの。胸に紋章が刺繍されている。

ヴィヴィアン・ウエストウッド
1988年(右)
Vivienne Westwood

昔ながらのノーフォークジャケットと19世紀のニッカーボッカーのデザインを再生させたスーツ。ピンクとグレーのツイード地で、華奢で曲線的なオリジナルの特徴を生かし、球形のボタンをあしらった。

サイバーパンク
1991年
Cyberpunk

日本人デザイナー、リョー・イノウエによる<人体と技術とメディアの融合>。ネオプレン、プラスチック、金属、ゴムなど新奇な素材を使ったコンセプトデザインの例。

ヴェルサーチ
2010年
Versace

ファッション界のグローバル展開が読み取れるコレクション。ジャラバ風の大きなシャツを砂漠の太陽であせたような色に浸染で染め、フランス外人部隊のキャップを合わせた。

レクリエーション *Active*

クラブウエア
1984年
Club wear
サッカーのユニフォームを参考にヴィヴィアン・ウエストウッドがデザインしたゲイ・クラブのウエア。伸縮性のあるナイロン製で動きやすい。スポーツウエアのように身体を保護し、スポンサーロゴのような装飾が多数ついている。

レクリエーションで着る衣服の歴史は、スタイルだけでなく動きやすさと着心地の良さが求められるという点で、作業着、スポーツ、ダンスウエアと関連がある。19世紀後半はゆとりのあるウエアが用いられたが、20世紀になると新素材が登場。ナイロンやライクラなど伸縮性のある生地が作られ、軽くて身体にフィットする服がデザインされた。現在では耐汗性に優れたナイロンなど、運動中も快適に着られる高機能繊維が開発されている。

クリケット
1930年
Cricket
テレンス・ラティガンのクリケットウエア。柔らかい襟のシャツにクリーム色か白のフランネルのズボンを合わせ、胸元を開けて袖を折り上げたスタイルは、レジャーウエアに転用された。

長ズボン下
2010年(右)

Long johns

作業着をベースにしたドルチェ＆ガッバーナのデザイン。かがり縫いを装飾に使ったニットに長ズボン下を合わせ、年代もの風のレザーブーツで古びた雰囲気に。

ノーフォークジャケット
1900年(上)

Norfolk jacket

軍服に由来するジャケットは1860年頃に屋外レジャー用として流行し、1890年代には都会の若者にも広まった。ツイード地で肩から裾までの帯と共布のベルトが特徴。

ハンティングウエア
1975年

Hunting dress

サヴィル・ロウにある乗馬服専門のテイラー、バーンハード・ウェザーヒルによる緋色のジャケットとコールテンのブリーチズ。他のスポーツやレジャー用の衣服と違い、狩猟用の衣服は19世紀からほとんど変わらない。

シャツ *Shirts*

レジャーで着るシャツにはカジュアルやフォーマルのような制約が一切ないため、着心地を追求し、個性を表現することができる。国内外の労働者が休暇やレジャーの時間を長く取れるようになり、1920年代からシャツの人気が高まった。レジャー用のシャツは、チームスポーツや他の文化から影響を受けることもある。インターネットが登場した1990年代からは、珍しいアイテムを入手する可能性が広がった。

カフタン
1973年
Kaftan
カフタンをベースにしたミスター・フィッシュのデザイン。豪華なシルクにアジアのイカット柄のプリント。ゆったりして着やすく、東洋的なセンスが反映されている。

ボーリング
1950年代
Bowling
ボーリング用のシャツは1950年代のアメリカで流行し、その後、1980年代のロカビリー人気で復活した。全体が1色で、背中に機械刺繍のチームロゴが入るものが多かった。

グラフィック
2007年
Graphic

ステファノ・ピラーティがイヴ・サンローランでデザインしたシャツ。ハワイアンの影響を受けているが、エキゾチックな果物や花のモチーフではなく写真を使った群衆のイメージ。

ウエスタン
1958年（上）
Western

1930年代のアメリカでは休暇を牧場で過ごす習慣が広まり、カウボーイシャツが流行した。刺繍入りヨーク、スマイルマーク風の矢印のポケット、真珠母貝のスナップがついたシャツはその典型。

ハワイアン
1950年代
Hawaiian

カラフルなハワイアンシャツは、第二次世界大戦後にアメリカ人兵士が持ち帰り、アルフレッド・シャヒーンがデザインや作りを向上させて広く知られるようになった。エルヴィス・プレスリーも彼の顧客の1人。

ストライプジャケット
The Striped Jacket

スポーツウエア
1890年
Sporting dress
イギリスのスタイル画に描かれたスポーツウエアは、ストライプジャケットに白のズボン。ジャケットに特徴的なパッチポケットがついている。当時はテニスをする時も襟つきシャツとネクタイが欠かせなかった。

ストライプ生地は製造が容易で安価だったため、かつては労働階級のものだった。だが18世紀の終わりに、垂直な線を強調するネオクラシックスタイルが流行すると、ストライプが高級ファッションにも使われるようになった。クリスチャン・ラクロワは、「ボリュームと立体感があるストライプにはどんな時代でも新しさが感じられる」と言う。多くのデザイナーが、ストライプに夏らしさ、水遊び、船のイメージ、マリンスポーツのイメージを見出している。

ヴェルサーチ
2010年
Versace
白いパンツに合わせたヴェルサーチの軽量ストライプジャケット。高温の砂漠と旅というコレクションのテーマを表現している。19世紀のジャケット風のパッチポケットでストライプの効果を強調。

**船遊び用スーツ
1880年代-90年代**

Boating suit

船遊び用のスーツをもとに作られた3ピースは、1880年代から90年代に海辺で着用された。動きやすい幅広のストレートズボンやパッチポケットで、インフォーマルなスタイル。

**ネオクラッシックのストライプ
1775-85年**

Neo-classical stripe

フランスのスタイル画。それまでのロココスタイルの曲線や花柄に代わり、1770年代にネオクラッシックのストライプが流行した。ストライプは男女の衣服とともに、インテリアのデザインとしても最もファッショナブルとされた。

**クリケット・ストライプ
1905年**

Cricket stripes

コメディアンのJ.W.ホールが作り上げた架空のクリケット選手、キャプテン・スクラッチ。白いシャツの上にピンクと白のストライプのジャケットを着て、ミスマッチなキャップをかぶっている。

ビーチウエア *Beach Wear*

ビーチウエアが発達したのは、海水浴が健康に良いと考えられるようになった19世紀。その後、単なる水浴びから泳ぐことに重点が置かれて、流線型のウエアとそれに適した繊維が求められた。素材はニット地から伸縮性の高いナイロンやライクラの混紡繊維に変わり、バスケットボール、ミリタリー、サーファーのロングショーツなど、さまざまなファッションがビーチウエアのデザインに影響を与えている。

水着
1900年
Bathing suit
当時の水着は鮮やかな色彩のストライプ柄がファッショナブルとされたが、泳ぐのには適さず、着心地も良くなかった。ウール素材のため濡れると重くなってたるみが生じ、使わない時期には虫害のおそれも。

ドルチェ＆ガッバーナ　2010年
Dolce & Gabbana
ボディを見せる水着は2010年のトレンド。2006年の映画『007/カジノ・ロワイヤル』で、ジェームズ・ボンド役のダニエル・クレイグがこれに似たグリジオ・ペルラの水着を着て流行させた。

水着
1939年(左)
Swimwear
1930年代に水着の露出部分が多くなったことが分かるポスター。男性が着ているのは、シルクと思われる開きの大きなランニングシャツに、ウエストを紐で締めるフランネルのトランクス。

黒の水着
1914年(上)
Black bathing suit
1910年代から20年代、模様のない黒の水着が流行した。腕まわりが広く開き、それまでの水着よりは身体にフィットしている。ウール製だが、泳ぐことを想定して作られたスポーツ用水着。

アレキサンダー・マックイーン
2005年
Alexander McQueen
軽くて着心地の良さそうなビーチウエアは、トレンドのミリタリースタイル。短パンの迷彩柄に1950年代の細かいチェックを加え、タトゥーを思わせるボディスーツを合わせた。

アンダーウエア *Underwear*

19世紀には長ズボン下と袖のある肌着が下着の定番だった。1940年代中頃に袖なしアンダーシャツ、ブリーフ、トランクスが出回って以来、伸縮性のある素材の新デザインが伝統的な下着とともに作られている。シルクや上質の綿など贅沢な生地を売りにしているメーカーもある。1990年代、カルバン・クラインのブランド戦略で、男性下着は必需品でありながらアピール力のあるアイテムとしてPRされた。

コルセット
1823年
Corset
ファッション意識の高い紳士を描いたイラスト。当時の理想の体形に近づくためコルセットを使う男性がいたことが分かる。1980年代以降、体形維持のためにジムに通う男性が増えた。

ジョン・スメドレー
2010年
John Smedley
高級下着で長い歴史を誇るイギリスのブランド。現代版の肌着と長ズボン下は、シーアイランドコットン（海島綿）を使ったイギリス製。伝統的な下着は現在も需要がある。

長ズボン下
1900年頃
Long johns
19世紀に高級下着の素材として人気があった機械織りシルクの長ズボン下。肌なじみが良く薄手のため、上に着る服にひびかない。

カルバン・クライン
Calvin Klein
伸縮性の高い綿で作られたカルバン・クラインのボクサーブリーフ。男性下着がグラマラスなファッションアイテムになった。ブランドによる広告の影響で、ロゴが入ったウエストのゴム部分を外に見せるスタイルもトレンドに。

肌着
1900年頃
Vest
下着の色は白一色が最も一般的。シルクは涼しくて軽いため、特に夏用の肌着に人気だった。シルクの前たてに本物の真珠のボタンがついている。

FEMALE LEISURE

レディース・レジャーウエア

Female Leisure

FEMALE LEISURE
レディース・レジャーウエア

イントロダクション *Introduction*

19世紀末、女性はスポーツをする時でもコルセットとロングドレスを身につけていた。自転車が登場するとブリーチズをはくようになり、第一次世界大戦の後には乗馬やスキーでもブリーチズが使われた。1920年代、スポーツ、ダンス、夏休みなどの機会を通じて、若々しさと健康が重視されるようになった。新たな軽量素材や伸縮性の高い繊維が発達し、ダンスウエアやスポーツウエアの影響を受けた動きやすい衣類が作られている。

アンダーウエア
1950年代
Underwear
ピエール・バルマンによるクリーム色の刺繍入りシルクドレス。立体的な形は補正下着によって可能になった。ストラップレスのペチコートに芯が入ったボディスがつき、何層ものネットを入れてスカートにボリューム感を出した。

ヒップホップスタイル
1994年
Hip-hop style
カール・ラガーフェルドがシャネルでデザインしたヒップホップスタイル。デニムのバギーパンツにシャネルのロゴ入りサスペンダー、ライクラの短いトップスをコーディネート。

サマーウエア
1953年(左)
Summer wear

1950年代、レジャーウエアは軽さとフィット感を高め、肌の露出が多くなった。カプリパンツ姿のパット・ゴダードはシャツを結んで腹部の肌を見せている。

シーサイド
1905年
Seaside

綿のレースがついたストライプ柄のドレスは、海辺での休暇やボート遊びに着る軽い衣服の典型。ブルーと白の配色に注目。

ショートパンツ
2010年(右)
Shorts

ショートパンツは、テニスウエアのキュロットから1930年代のビーチウエア、1970年代のサテンのホットパンツへと進化した。ジャン・シャルル・カステルバジャックのデザインは、裾にギャザーを寄せた現代風のローライズ。

FEMALE LEISURE

レクリエーション *Active*

スキー
1929年
Skiing
バーバリーのスキーウエア。1920年代にズボンが広まっていたことが分かる。ジャケットは第一次世界大戦中の英国女性部隊の制服をもとにしたデザイン。

19世紀、女性用のスポーツウエアは主に男性用をベースに作られた。1920年代になると、スザンヌ・ラングレンなどテニスのスター選手が斬新なウエアを流行させ、ランバンやパトゥなどのデザイナーがスポーツウエア部門を立ち上げた。1960年代には、シンプルなAラインの服で身体が解放され、マリー・クワントらがスタイルとともに着心地を重視するようになった。ジャージー、デニム、ライクラをはじめ実用的な素材が、高級ファッションに変化をもたらしている。

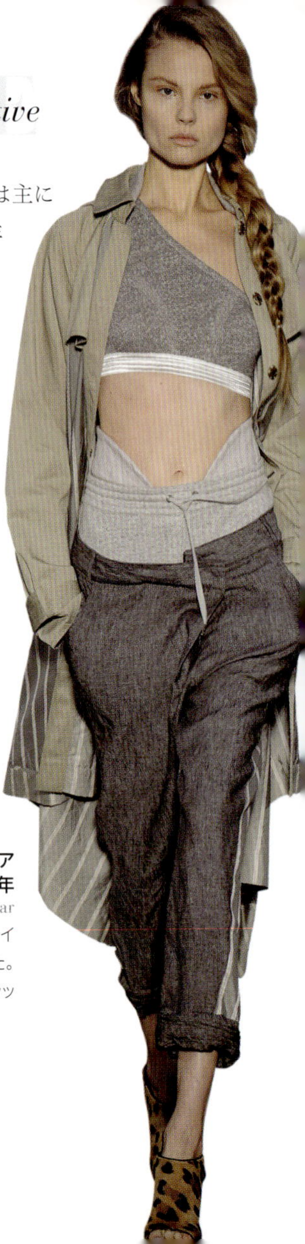

アメリカン・スポーツウエア
2010年
American Sportswear
スエットシャツに使われるジャージーのレイヤードスタイルは、アメフトから着想を得た。アレキサンダー・ワンは都会で着るリラックスしたカジュアルウエアで定評がある。

ゴルフ
1908年（左）
Golf

スポーツウエアや実用着は男性服をもとに作られていた。レザーをあしらったツイードジャケットは、縦の帯やベルトの特徴から男性用のノーフォークジャケットがベースだと分かる。

乗馬
1790年代（下）
Riding

18世紀の乗馬服は、女性的なスカートと男性風のコートまたはジャケットとベストを組み合わせていた。高さのある襟と折り返し、金ボタンなどは男性服の仕立て。

デニム
1990年代
Denim

この服を着たDJスラマは、ファッションを選ぶ基準はセクシーさと快適でカジュアルであることだと話した。下着を見せるトレンドの兆しがすでに見られる。

ビーチウエアとサマーウエア
Seaside & Summer Wear

19世紀以降、サマーウエアには軽量のリネン、綿、シルクが用いられ、淡い色のものが多い。1846年にウィンターハルターが当時4歳のイギリス皇太子を絵に描き、その中で皇太子が王室所有船の乗組員の制服をベースにした服を着ていたことから、マリンルックが流行した。休暇を取る習慣が広まると、サマーウエアはテニスやクリケットなど夏らしいスポーツの要素を取り入れながら、たびたびマリンルックに立ち返っている。

セーラースーツ
1930年
Sailor suits
クレープデシンで作られた紺と白のスーツ。袖なしの上衣に幅広のパンツの組み合わせは、1930年代にビーチウエアとして流行した。パンツの紺色のまち部分が長いセーラーカラーとマッチ。

サマードレス
1963年(上)
Summer dresses
ジョン・フレンチの写真には、夏を思わせる白いクリケットウエアをテーマにしたさまざまなファッショナブルなタイトドレスが写っている。Vネックのストライプが特徴的。

ソニア・リキエル
2007年(右)
Sonia Rykiel
紺と白のストライプのドレスは、水兵風のストライプでビーチウエアの配色。広く開いたスクープネックは水着に似ているが、パッチポケットとリボンの装飾でユーモラスな印象に。リキエルの代表作の1つ。

ネイビードレス
1872年(上)
Navy dress
綿とリネンのドレス。足首が出る丈であることから、海辺の散歩用の実用着だったことが分かる。ボディスに芯がなくコルセットの上に着用された可能性もあるが、着心地も考慮されている。

モスリンドレス
1869年
Muslin dress
上質な綿のモスリンは非常に軽量で薄く、サマーウエアに最適。バッスルの上に着用された精巧なドレスは1860年代に流行したが、長い裳裾は散歩には不向きだった。

スイムウエア *Swimwear*

1900年から50年代にかけて、水着はウール製の身体を隠すデザインから、綿やナイロン製で肌が見える流線型へと発達した。1946年にフランスでルイ・レアールとジャック・エイムが上下に分かれた同じような水着を考案した。レアールの水着はビキニと呼ばれ、最初は刺激的過ぎると考えられたが、映画スターによって1950年代に流行した。現在ではグラマラスな水着よりもスポーティな水着が注目され、紫外線を通して日焼けできる水着など、斬新なアイテムも開発されている。

水着
1936-40年(右)
Swimsuit

ナイロンが登場する前の1930年代から40年代、ウール製だった水着が綿で作られるようになった。サイドのルーシュで多少の伸縮性が生まれ、装飾としてもグラマーなデザインを引き立てている。

水遊び用の服
1924年
Bathing costume

シャネルがデザインしたピンクのニット水着。ディアギレフのモダンバレエ「青列車」の衣装に使われた。当時の男性用水着と同じく、流線型ではあるが厚くて重いウール製。

ドルチェ＆ガッバーナ
2010年
Dolce & Gabbana

アニマルプリントは1930年代以降、何度も流行している。ストレッチの効いた合成繊維で作られた現代版の赤いアニマルプリントの水着は、1950年代のスタイルと現代風レオタードからアイデアを得た。

ビキニ
1953年
Bikini

1953年にブリジッド・バルドーがビキニ姿でカンヌのビーチに現れ、流行させた。ブラジャーと三角形のショーツからなるビキニは、人前でへそを出した初めてのスタイルだったため、衝撃的だった。

水遊び
1900年
Bathing

海に行く目的が泳ぐことではなく水浴びだったことが分かる。流行のストライプ柄のウールで作られた水着はゆったりした形で、身体のラインを隠すという目的を果たしている。

アンダーウエア(ファウンデーション)
Underwear - Structures

ファウンデーション(補正下着)は服の形を整えるために用いられた。女性が活動的になるにつれ、結婚式、舞踏会、豪華式典などの特別な機会を除き、かつてのような極端な形の服は着られなくなった。コルセットは中世の締め紐や硬いボディスから発達し、15世紀末には張り骨の入ったペチコートが使われた。芯となる素材は鯨の髭から鋼鉄、プラスチックへと変わり、軽くて快適なファウンデーションが作られた。

クリノリン
1860年
Crinoline
柔軟性のあるバネ鋼の輪を縦のウールテープで留めたクリノリン。軽くしなやかで耐久性もあり、製造コストも抑えられた。

パニエ
1778年(右)
Panniers
18世紀のパニエ(腰枠)は、円形のものや写真のように前と後ろが平らなものなどさまざまな形があった。コルセットと同じくパニエも、鯨の髭や籐の枠とリネンで作られた。

コルセット
1820年
Corset

当時は、ネオクラシック風の細身で縦長のシルエットが流行していた。その流行はコルセットにも反映され、バストを持ち上げてウエストを高い位置に見せるために、前側中央に長い芯が入っている。

コルセット
1950年代(下)
Corset

1950年代にウエストのくびれたシルエットが復活。鯨の髭や鉄鋼で作られたコルセットの芯は、ナイロンなどのストレッチ素材に変わった。ストッキングを留めるアイテムは、輪になった靴下留めからガーターベルトへと進化。

コルセット
1864年
Corset

青のシルク、レース、鯨の髭で作られたコルセット。後ろを紐で締めて美しい曲線を作った。1940年代にハートネルとディオールを触発したシルエット。

アンダーウエア(ランジェリー)

Underwear - Lingerie

下着は1900年頃まで、シュミーズまたはキャミソール、ズロース、ペチコート、コルセットからなっていた。ブラジャーは1900年頃に登場したが、広く使われたのは大きさの異なるカップが製造された1920年代だった。1980年代からは形が決まった補正下着の他に、ストレッチ素材やダンスウエアをベースにしたシンプルな下着も作られている。色もののシルクにレースをあしらった下着はセクシーなイメージを生み、もとは機能重視だった下着をファッショナブルなアウターとして堂々と見せることもある。

下着
1835年
Underwear
シュミーズ、ズロース、コルセットからなる下着。ズロースが使われ始めたのは1790年代。透ける素材で作られたネオクラシックの細身ドレスが流行したため、脚を隠すのに必要とされた。

ワスピー
1956年
Waspie
芯が入り伸縮性のあるワスピーは1940年代にパリでデザインされた。もともと使われていた19世紀と同じく、キャミソールの上から締めて、細いウエストを作る。

スリーインワン
1957年
Bustier
ベルレイの下着は肌色のナイロン素材と伸縮性のあるパネルにより軽量でも機能的。体形を補正するために芯とワイヤーが使われ、背中のかぎホックでしっかりと締める。

黒いサテン
1942年（右）
Black satin
実用的な白や肌色に代えて、黒のサテンとレースの組み合わせ。揃いのブラジャー、ショーツ、スリップでセクシーな魅力を演出。

エージェント・
プロヴォケーター
1997年
Agent Provocateur
1950年代の映画スターのランジェリーやピンナップを参考にしたデザインは、このブランドの定番。同柄のブラジャーとガードルは、黒と淡いパステルカラーを組み合わせ、中央に模様をあしらった1950年代風。

MALE ACCESSORIES

メンズ・アクセサリー *Male Accessories*

イントロダクション *Introduction*

アスコットタイ
1954年
Cravat
南仏のカンヌを舞台にした映画『泥棒成金』のケリー・グラント。カジュアルなサマーウエアであるオープンネックのシャツに、ネクタイよりもフォーマル感を抑えたアスコットタイをあしらっている。

メンズ・アクセサリーは、男性のファッションが全般的にインフォーマルに向かったことと、流行の気まぐれによって変化してきた。1960年代に若者のスタイルがファッション界で大きな影響力を持つようになり、正装には帽子、手袋、ステッキが必要だとする伝統的な考え方は消え去った。それでも一部の上流社会では常に適切なアクセサリーが必須とされ、新しい世代向けに伝統的なスタイルの再解釈を試みるデザイナーもいる。

スモーキングキャップ
1870年
Smoking cap
刺繍の入ったフェルトのキャップ。キルティングの裏張りでかぶりやすい。スモーキングジャケットとともに衣類を煙から守るためにデザインされ、自宅で煙草を吸う時や普段着で客をもてなす際に使われた。

フォーマルなデイウエア
1924年
Formal daywear

富豪の貴族、ロスチャイルド男爵のフォーマルなデイウエア。19世紀からほとんど変わらず、取り外しのできる硬い襟にシルクのネクタイ、タイピン、ポケットチーフというスタイル。

タイ
1890年代
Tie

画家オーブリー・ビアズリーのフォーマルなデイウエアは、白いシャツに取り外し可能な襟。平らな蝶ネクタイの形に結んだ黒いシルクのアスコットタイは、19世紀に流行したネックウエア。

中折れ帽
2010年
Trilby

50年代をテーマにしたボッテガ・ヴェネタの秋冬コレクション。1950年代には夏でも冬でも中折れ帽が流行し、夏用は麦わら、冬用はフェルトで作られた。写真は冬用で光沢の強いファーフェルト製。

ブーツ *Boots*

18世紀末から1830年代は普段からロングブーツが用いられていた。この時期にさまざまなデザインが登場し、伝統的なブーツの多くは当時のものに由来している。アウトドア風やミリタリー風のブーツ、ウェリントンブーツと呼ばれるレザー製で膝丈のストレートブーツが流行した。ズボンがタイトでなくなるとブーツは短くなり、1950年以降リバイバルされて若者ファッション、スポーツ、作業着スタイルと組み合わされている。

パテント
1967年
Patent

ピエール・カルダンのブーツは、ベルト付チュニックにズボンを合わせた<コスモス>スタイルの一部。細身のジャージーパンツをブーツに入れて、パテントレザーの丸い飾りを強調。

バイク乗り
2010年
Biker

ボッテガ・ヴェネタのレザー製ロングブーツ。安全性を重視した重厚感あるオートバイ用ブーツだが、強い光沢の素材を用いることでレザーパンツとひと続きに見せ、洗練された都会的な印象に。

トップブーツ
1840年代(下)
Top boots
18世紀後半から19世紀初頭に日常的にはかれたブーツは、1830年代からは主に狩猟や乗馬に使われた。ブーツの名前は、色の違う上部《トップ》の折り返しに由来。

作業着スタイル
2010年(右)
Workwear
ドルチェ＆ガッバーナの古びたグレーの作業用ブーツ。19世紀の労働者がはいた編み上げのアンクルブーツとトップブーツという異なるスタイルを組み合わせた、スタイリッシュなデザイン。

アンクルブーツ
1880年(左)
Angle boots
1830年頃に普段使いのブーツはトップブーツからアンクルブーツへと変わり、ブーツの外にズボンを出した。写真はパテントレザーと布で作られ、真珠母貝のボタンで留めるブーツでレディースにも応用された。

靴 *Shoes*

ブリーチズが着用された18世紀から19世紀初頭まで、昼間はロングブーツが用いられ、短靴をはくのはイブニングウエアを着る時だけだった。ブリーチズが長ズボンに変わると、次第にブーツから短靴が主流になっていった。20世紀に靴紐を使ったさまざまなデザインの靴が登場し、夏用、冬用、スポーツ用で異なる素材が使われた。1940年代には、はきやすさが重視されて紐や留め具のない靴が発達した。今でも歴史的、伝統的なスタイルをもとにした靴が作られている。

バックル
1830年
Buckle
金色のバックルがついたレザーシューズ。1830年には流行を過ぎていたが、宮廷の正装として残り、脚のラインが出るブリーチズやシルクのストッキングと合わせた。

オクスフォード
1945年(右)
Oxfords
オクスフォード・シューズは1910年頃から作られ、今でもカジュアルやフォーマルに合わせる昼用のクラシックシューズとして使われている。紐で締める形で、写真のようにつま先部分の縫い目に簡単な装飾が入ることも。

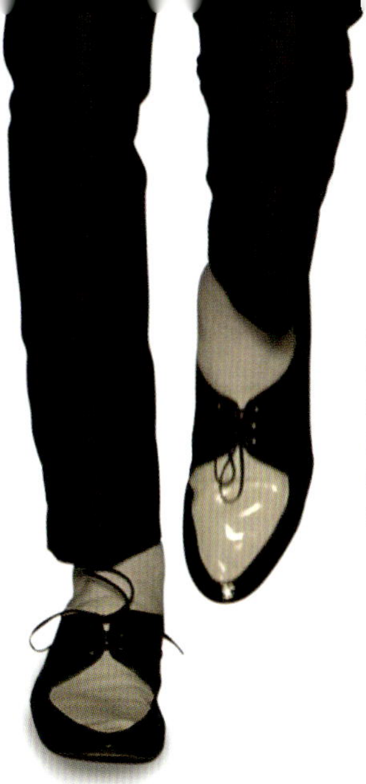

サンダル
2006年
Sandals

グラディエーター（剣闘士）スタイルの流行でサンダルの人気が復活。白っぽい服がラフ・シモンズの足首まである黒いサンダルを引き立てている。

ツートーン
2006年（上）
Co-respondent

1915年頃まで2色のツートーンシューズはリゾート用の靴として流行した。写真は対照的な白と黒をあしらった先の尖ったデザインで、先端に飾り革がない。脚を長く見せてスキニールックを強調。

ローファー
1945年
Loafers

ノルウェーに由来する紐のないカジュアルな靴は、はきやすさから1940年代に欧米で流行した。1993年冬にパトリック・コックスがリバイバルさせて人気が上昇。

帽子 *Hats*

帽子は1960年代まで伝統的なファッションの一部だった。シルクハットや山高帽など20世紀前半の帽子の多くは、1800年代に端を発している。山高帽は1950年代のイギリス都市部の紳士層、布製のキャップは1950年代の労働階級など、特定の社会集団と関わりが深いアイテムもある。1950年代から、スポーツ、音楽、伝統的スタイルのリバイバルなどの影響で新しいデザインの帽子が生まれている。

ポークパイ
1950年
Pork pie
歌手のジョニー・レイがかぶっているポークパイは、1950年代にジャズやスイングのイメージを帯びるようになった。中折れ帽と大きさはほぼ同じだが、頭頂部が平らで山が低い。

山高帽
1958年
Bowler
トレードマークの山高帽をかぶったアッカー・ビルク。硬いフェルト製の丸い形で、1850年にウィリアム・コークが狩猟場の番人のために、トーマス＆ウィリアム・ボーラーに作らせたのが発端。すぐに都市部へと広まった。

中折れ帽
1960年
Trilby
帽子好きで知られたビング・クロスビーがかぶっているのは小ぶりの中折れ帽。頭頂部が平らで、つばを下げている。

ドルチェ＆ガッバーナのキャップ
2010年
Dolce & Gabbana cap
ハンティングキャップの歴史は中世にさかのぼるが、あらゆる階級の男性に広まった19世紀のスタイルに由来するものが多い。ツイード製は1920年代に上流階級が狩猟用にかぶった。

野球帽
1988年
Baseball cap
ヒップホップスタイルのブランド、フォー・スター・ジェネラルの服に合わせた野球帽。長くスポーツで使われたキャップが、アフリカ系アメリカ人を意識したファッションの一部に。

ネックウエア *Neckwear*

ネックウエアは、顔や首の周りを飾るシャツ、ベスト、ジャケットの発達とともに変化してきた。19世紀初頭にファッションリーダーのボー・ブランメルが、糊の効いた純白なネックウエアを用いたさまざまなスタイルを広めた。20世紀になると、日常的なネックウエアは幅の狭いネクタイ、アスコットタイ、マフラーに限られたが、それでも色や柄で個性を表現することができる。

ストックとアスコットタイ 1805年
Stock and cravat
カッページ大佐の細密画に当時の白いネックウエアが描かれている。小さい蝶結びにしたストックとアスコットタイでシャツの首周りが完全に覆われ、下からシャツのフリルが見える。

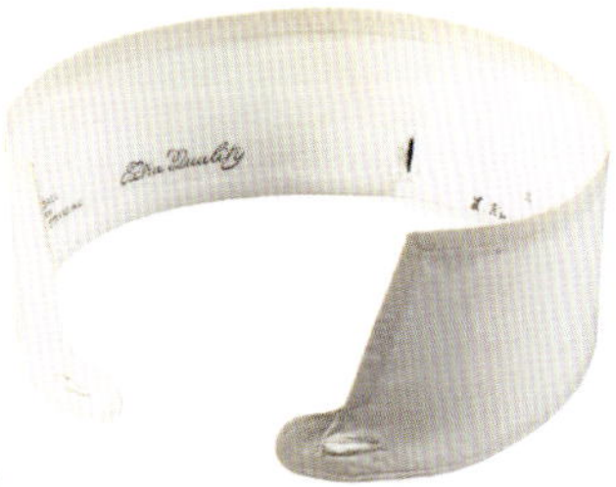

襟 1890年
Collar
取り外し式の襟は1820年代から使われ、スタンドカラーの高さは1890年代が最高だった。糊をかけたリネンで作られ、前後のボタンでシャツに固定した。

白いタイ 1930年代

White tie

フレッド・アステアのフォーマルなイブニングウエアは、ウイングカラーと糊の効いた白い蝶ネクタイで完成される。白いタイの素材は、白いシャツやベストと同じコットンピケ。

マフラー 2010年

Muffler

1900年代初頭、マフラーやスカーフは男性ファッションの必需品だった。フェラガモがデザインした上品なイブニング用マフラーは、豪華な織地にシルクのフリンジ。

ネクタイ 1960年

Tie

フランス人歌手のジョニー・アリディ。1950年代後半から60年代前半のミニマルスタイルで、流行の細いタイをシンプルな19世紀風プレーンノットで結んでいる。

FEMALE ACCESSORIES

レディース・アクセサリー

Female Accessories

イントロダクション *Introduction*

女性が用いるアクセサリーの種類は18世紀から増えていった。20世紀になると、扇子やパラソルなどはあまり用いられなくなり、帽子などは特別な機会だけに使われるようになった。1960年代にフォーマル感を抑えたスタイルが取り入れられ、アクセサリーに関するドレスコードがゆるくなった。1980年代以降、デザイナーはブランドのトレードマークとなるようなバッグや靴、ブーツのデザインに力を入れている。

ディオール
1955年
Dior

ジョン・フレンチが撮影したディオールのデイウエア。1950年代のフォーマルなドレスコードに従い、クラッチバッグ、手袋、帽子を見につけている。

定番バッグ
2010年
Signature bag

ルイ・ヴィトンの定番であるモノグラムのレザーバッグは、マーク・ジェイコブスの夏のテーマ<ニューエイジの旅行者>による新デザイン。ビーズや派手なタッセルがジプシー風。

麦わら帽子
2010年(下)
Straw hat

モデルのアンジェリーナ・Bの帽子は、アントニオ・マラスのデザイン。粗いメッシュの麦わら帽子に、ドレスに合わせた色のシルクの花。古いイタリア映画にヒントを得た郷愁と純真なイメージがこの帽子で完成されている。

ブーツ
2010年
Boots

イザベル・マランのサマーウエアは、ジプシーや旅をテーマにした華やかなインフォーマル。フリンジのついた夏用の黒のブーツで、マランの脚長スタイルを強調。

プラットフォーム・シューズ
1972年
Platform shoes

ビバは過去のスタイルをベースにしたデザインと、写真のブルーサテンのような深みのある色彩で知られた。高いヒールとソールを飾るビーズとディアマンテの斜めのラインに、アールデコや1930年代のハリウッドの影響が。

バッグ *Bags*

18世紀、女性はボリュームスカートの下にポケットを身につけて、ハンカチなどの小物を入れた。当時は他に針仕事で使う引き紐のついたシンプルな入れ物があるだけだったが、ドレスが細身になった19世紀にレティキュールと呼ばれる小物入れが登場し、現代のバッグの先駆けとなった。1950年代には多くのブランドが形、色、装飾に特徴を持たせた定番デザインのバッグを作った。

ケリーバッグ
1956年
Kelly bag
形状と水平の留め金が特徴的なエルメスのバッグ。1935年に発表されたものだが、1956年にグレース・ケリーがモナコ公妃となった時にバッグを持った姿が写真に撮られ、ケリーバッグと呼ばれた。

ジュディス・リーバー
1983年
Judith Leiber
リーバーはコレクター好みの限定品イブニングバッグで有名。映画『セックス・アンド・ザ・シティ』に登場した<カップケーキ>もその1つ。手作業で装飾された写真の<エッグ>にはコイン入れ、鏡、櫛がついている。

モスキーノ
1996年(左)
Moschino
挑発的でユーモアのあるデザインで知られるモスキーノは1983年にブランドを立ち上げた。誰もが欲しがるこのバッグは以前からある形だが、溶けるチョコレートという贅沢なモチーフがシュール。

グッチのバッグ
1969年(下)
Gucci bag
グッチオ・グッチは1906年頃にフィレンツェで馬具店を始め、1920年代には旅行鞄やハンドバッグも手がけていた。写真のバッグの色彩と馬具のビット(はみ)のモチーフは1960年代のグッチの典型スタイル。

シャネルの"2.55"バッグ
2010年
Chanel 2.55 bag
写真の夏用ショルダーバッグは、ガブリエル(ココ)・シャネルが1955年2月にデザインした有名な"2.55"バッグのバリエーション。キルティングとチェーンのストラップが特徴。

スティレットヒール *Stiletto Shoes*

「スティレット」は細い短剣を意味し、ヒールの先が直径5mmの靴を表す言葉として1950年代に初めて使われた。スティレットヒールは、金属のシャフトをヒールの中に入れることで技術的に可能になり、最近は各ブランドが次々と新デザインを発表して売上げを伸ばしている。最も高さのある12-15cmのヒールは、クリスチャン・ルブタン、マノロ・ブラニク、ジミー・チュウ、ピエール・アルディなどのデザイナーが手がけた。

マリー・アントワネット・シューズ 2009年
Marie Antoinette shoe
クリスチャン・ルブタンのトレードマークである赤い靴底のプラットフォーム・シューズ。ヒール高は16cmで、ルサージュの刺繍を施した限定品。マリー・アントワネットをモチーフにしたデザインで、アンクルストラップの前側に彼女をかたどった飾りがついている。18世紀ファッションのボディスのようなリボンの縁取り。

スティレット
1990年代
Stiletto

1950年代のスティレットにフロント部分のモダンな切り込みを加えたマノロ・ブラニクのデザイン。甲革に18世紀風のシルクブロケードが使われている。

イブニングシューズ
1960年代
Evening shoe

伝統的な10cmヒールのイブニングシューズ。ディオールでロジェ・ヴィヴィエがデザインした。ビーズ、糸、シルバーによるの18世紀風の装飾がヒール上端まで続き、光沢のある黒のソールとともにスティレットを強調。

ピレリ・シューズ
1980年代
Pirelli shoe

1980年代にスティレットを復活させたのはマノロ・ブラニクだとされる。ピレリタイヤのプリントを施したレザーで、スポーツカーとハイヒールのセクシーな魅力を表現。

スティレットの原型
The original stiletto

商品としての（収集用でない）スティレットは1950年代にフランス人デザイナー、ロジェ・ヴィヴィエが創作したとされるが、イタリア起源とする説もある。写真は1954年のシルクのイブニングシューズで美しいチゼル・トー（工具のノミの形をした爪先）。中革、ヒールともチュールで覆われている。

ハイヒールとフラットシューズ
High to Heel-less Shoes

19世紀まで女性は主にブーツではなく短靴をはいた。当時は道がぬかるんでいたため、実際的な理由から高さのある靴が用いられたが、靴の素材や構造が発達し、はく人の身分や流行も靴の高さを決める要因となった。スカートが短くなると足元に注目が集まり、デザイナーは実用性や過去のデザインを考慮しつつ、革新性を模索している。最近では、高級な靴はバッグをしのぐほど注目のアイテムとなっている。

プラットフォーム・シューズ
1938年
Platforms
ハリウッドから1927年にフィレンツェに拠点を移したフェラガモは、数多くの映画スターの靴をデザイン。スエードで覆ったコルクのソールなど多くの革新的スタイルを生み出した。

ロジェ・ヴィヴィエ
1961年
Roger Vivier
最もロジェ・ヴィヴィエらしい靴の1つが、1965年にイヴ・サンローランでジャクリーン・ケネディのためにデザインした<ピルグリム・パンプス>。写真のバックル付きローヒールがその先駆けだった。

サテンのフラットシューズ
1830年代
Satin flats
色鮮やかなシルクのフラットシューズ。足首までのスカートと合わせて脚に視線を集めたと考えられる。非常に繊細なため、室内か特別な場面に限ってはかれたと見られる。

チョピン　1600年
Chopines
チョピンとは底が非常に厚いバックレスの靴かオーバーシューズで、最初にはいたのはファッションに敏感なヴェネチアの貴族や売春婦。写真は中程度の高さ（20cm）で、素材は装飾の穴を開けた子ヤギ革、レザー、松の木。

クロッグ　2010年
Clogs
シャネルのクロッグは、太く高いヒールに1970年代風のプラットフォーム・ソール。凝った装飾のバックルは18世紀風で、コレクションのテーマであるラガーフェルドが想像したマリー・アントワネットの農場を表現。

ブーツ *Boots*

　19世紀、男性用ブーツをもとにしたトップブーツやハーフブーツが女性の間で流行し、はきやすいように紐やボタンに代えてサイドに伸縮性を持たせたものも作られた。1850年代から左右で別の靴型が使われ始め、はき心地が向上した。1960年代にミニスカートが流行すると、あらわになった脚を強調するロングブーツが広まった。

アンクルブーツ
1965年
Ankle boots
クレージュが手がけた白いレザーのアンクルブーツ。テーマは<宇宙旅行>と<若さ>で、ミニスカートやスリムパンツに合わせる。バックのファスナーとサイドのマジックテープで留める細身のデザイン。

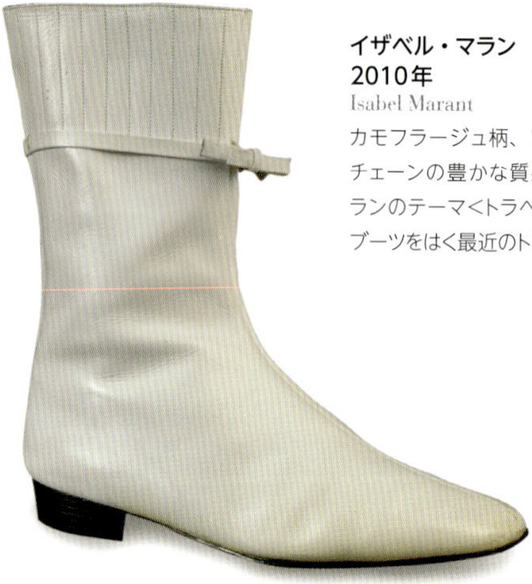

イザベル・マラン
2010年
Isabel Marant
カモフラージュ柄、フリンジ、シルバーチェーンの豊かな質感が、イザベル・マランのテーマ<トラベル>とリンク。夏にブーツをはく最近のトレンドが表れている。

ウエディングブーツ
1865年
Wedding boots

サイドに伸縮性があるシンプルなアンクルブーツは、19世紀中頃に日常的に使われた。シルクの花飾りはイブニング用や写真のような結婚式用ブーツに使われた。(p.93を参照)

ハーフブーツ
1812年頃
Half boots

前が編み上げになったスマートなストライプ柄ハーフブーツ。丈夫なデニム地はレザーの安価な代替品として使われた。レザー製のソールがついた小さなヒールは、戸外での普段使い向き。

ロングブーツ 1966-69年
Long boots

ピエール・カルダンの光沢のあるビニール製ブーツ。はき心地を考慮して布で裏張りされ、足首にサイドファスナーがついている。1960年代のミニスカートとロングブーツのコーディネートは英国のTVドラマ『おしゃれマル秘探偵』で流行。

ショールとスカーフ *Wraps & Scarves*

頭、首、身体を包むアイテムは保温の目的とともに、上質なウール、シルク、毛皮を誇示するために古くから用いられている。山羊毛を使ったインド産のカシミヤのショールは1790年代に贅沢な高級アイテムとされ、1990年代にパシュミナ・ブームが起きてリバイバルした。1950年代以降、オードリー・ヘプバーンやマリリン・モンローなどの映画スターが身につけたこともあり、スカーフやショールに豪華で洗練されたイメージが備わった。

シルクショール
1800-11年
Silk shawl
カシミヤショールを模してイギリスで作られたショール。中央が無地で縁にさまざまな柄が入るデザインはインド製のオリジナルに似ているが、モチーフが松笠でなくキキョウの花である点はヨーロッパ風。

アデール・アステア
1920年代
Adèle Astaire
エキゾチックな金と銀のラメが入った生地が1920年代のシンプルなファッションに豊かな質感を与える。ターバンなどを頭に巻くスタイルはクロシェ帽を思わせ、ショートヘアにマッチ。

ヘッドスカーフ
1960年代
Headscarf

ジーン・シュリンプトンのヘッドスカーフは、首を覆わないミニマルなスタイル。デイジー柄とコンパクトな形が1960年代らしく新鮮。

毛皮のストール
1950年代
Fur stole

毛皮のストールは1950年代に流行した。タイトなイブニングドレスと合わせて、映画スターやセレブのような豪華スタイルを演出。フォックスやミンク数頭分の毛皮で作られた。

エルメスのスカーフ
2008年
Hermès scarf

ジャン=ポール・ゴルチェがデザインした水着と、流れ落ちるような同柄のショール。コレクターアイテムとなっているエルメスのスカーフから着想を得た。四角いシルク地に配置されたモチーフから一目でエルメスだと分かる。

帽子 *Hats*

女性は上品な外見を保つために室内や戸外で頭を覆ってきたが、この習慣には長い歴史がある。屋外用の帽子は、頭部の保護とファッションの両方の目的で作られた。夏用の帽子には麦わらなどの繊維質がよく使われた。帽子の形は目的に応じて決まることが多く、日差しから顔を守るとともに、顔や首に視線を集める目的もあった。

黒の麦わら帽子
1910年頃（下）
Black straw
ヘンリーがデザインした帽子。当時のボリュームあるヘアスタイルを反映した大きな帽子で、長いハットピンで髪に留めたと思われる。紫色の造花で飾られているのは、持ち主の名前がヘザー（赤紫色）だから。

ケンゾー　2006年
Kenzo
<ボーピープ（羊飼いの少女）>をテーマにしたコレクションで、1970年代風のマキシドレスに18世紀のカントリースタイルの麦わら帽子をかぶったリリー・コール。形のはっきりとしたシンプルな麦わら帽子を黒のリボンで粋な角度にアレンジ。

エルザ・スキャパレッリ
1938年（下）
Elsa Schiaparelli

パガン・コレクションで発表したシンプルな帽子。シュールレアリスム的アプローチで、グラスハットに金属製のピンクと緑の虫が止まり、カブトムシが這っているように見える。

麦わら帽子
1760年
Straw hat

写真の麦わら帽子の丸い形は、1730年代以降の労働階級の女性が日常的にかぶった帽子の典型。ただし染色した麦わらを編み込んで装飾されていることから、ファッショナブルな帽子だった可能性も。

オットー・ルーカス
1954年
Otto Lucas

黒く染めた麦わらを編んで帽子の曲線を作り出している。18世紀の帽子のように前が下がって後ろが持ち上がったデザインで、視線がうなじに集まる。

JEWELLERY ジュエリー *Jewellery*

イントロダクション *Introduction*

男性用と女性用のジュエリーは、流行、技術の進歩、文化の発展とともに変化しているが、使われる素材が生地よりも耐久性があるため、人から人へと受け継がれることが多い。貴石は取り外して、時代の美意識を反映したデザインに作り変えることが容易にできる。高価な貴石や貴金属にこだわらないコスチュームジュエリーや概念的デザインのジュエリーが認められて価値が高まっていることも、ジュエリーデザインに見られる大きな変化だ。

コスチューム ジュエリー 1938年
Costume jewellery
シルクとベルベットのリボンから下がるのは金メッキの松笠。スキャパレッリは一貫した自然界のモチーフでパガン・コレクションを作り上げた。シュールレアリスムへの関心と貴石や貴金属よりもコンセプトを重視する姿勢が見られる。

バックル 1882年
Belt buckle
ルーク・アイオナイディズ夫人がまとっているのは、当時の身体を締めつける衣服を否定した芸術至上主義ファッション。琥珀のロザリオを手にしている。装飾性が高い金メッキのバックルは、インターレース柄と中世のゴシック建築の要素を取り入れたデザイン。

ヘアピン
1840年代
Hairpin
1830年代の高く結い上げた髪につけたヘアピン。18世紀に自然界のモチーフが流行して以来、蝶のデザインは人気だった。中央にはローズカットのダイヤモンド。

パール
1955年(下)
Pearls
ドレスのネックラインがネックレスをいかに引き立てるかが分かる。マーガレット王女の5連のパールが肩のラインを強調し、豪華なブローチに視線が集まる。

チェーンブレスレット
1954年(左)
Chain bracelet
女王エリザベス2世の従妹、アレクサンドラ王女のチェーンブレスレット。金製か銀製で、大きな環を使ったデザイン。1920年代から機械や抽象的な形に関心が持たれ、質感のある金属がデイウエアに使われた。

JEWELLERY

素材 *Materials*

ゴールドとシルバーは古くから高級ジュエリーの材料として使われ、いずれも金細工職人が加工していた。ゴールドは黄色い色味が珍重されてきたが、シルバーのグレーがかった白は他の金属でも代替できる。特に19世紀末からはプラチナがジュエリーに使われた。白っぽい色味と、ゴールドの2倍にも達する価格が格式高いイメージを生み、貴重なものとされている。

ゴールド
1400-25年
Gold
ハートの形とゴールド製であることが、貴重な愛というブローチのメッセージを強調している。美しく刻印された文字はフランス語で「決して離れない」という意味で、誠実な愛情を表現。

シルバー
1899年
Silver
シルバーはゴールドよりも価格が安くて可鍛性があり、はんだ付けもできる。入り組んだ線を使ってデザインされたウエストの留め金は、ジュエリーのキムリック・シリーズとしてリバティー百貨店で販売された。ハンドメイド風だが、じつは機械製。

スチールとシルバー
2003年
Steel and silver
チェーン・オブ・オフィス（公職を表す飾り鎖）を模したハンス・ストファーのデザイン。<パンク>という名前でストーリー性を持たせた。本来は派手なアイテムだが、つやのない産業用スチールの廃品が使われている。シルバーの額には<ラッキーデビル>の文字。

プラチナ
1930年
Platinum
幾何学形の環を使ったプラチナ製ネックレス。同じデザインのブレスレット2つがセットになっている。薄い部分にプラチナが使われているのは重さと価格が理由。エメラルドやダイヤモンドのフォイル（箔）の役割も果たしている。

カットスチール
1810年
Cut steel
18世紀から19世紀前半、あらゆるジュエリーやアクセサリーにカットスチールが使われた。写真のバックルやボタンは、光沢のあるグレーの研磨面とウェッジウッドの青と白の陶磁器が対照的。

石 *Stones*

貴石（ダイヤモンド、サファイア、ルビー、エメラルド）は伝統的に富と高い地位を連想させる。指輪に使われると、愛情の象徴や結婚の意志を表す。中世では研磨された石やカボションが金属細工の装飾に使われた。17世紀末になるとインドなどの国との貿易が拡大して多くの宝石が入り、石を多面体の形にカットして研磨する技術が発達した。

ダイヤモンド、エメラルド、サファイアのブローチ
1960年
Diamond, emerald and sapphire brooch
2つの松笠をモチーフにしたブローチ。ニューヨークのティファニーでシュランバーゼーがデザインした。ダイヤモンド、エメラルド、サファイアの配置によって、松笠の球形と鋭い葉の形を巧みに表現している。

サファイアのリング
1830年
Sapphire ring
青い色のサファイアは指輪によく使われ、多くがスリランカ産。1981年にダイアナ妃が婚約指輪に選んだのは、ガラード社製の14個のダイヤモンドで囲まれたサファイアリングだった。

エタニティリング
1920-40年
Eternity rings
石が途切れることなく全周に並んだエタニティリングは、昔から永遠の愛の象徴とされる。情熱を連想される赤のルビーをはじめ、愛情が高価な宝石に投影された。

オパールのブローチ
1900年
Opal brooch
アールヌーボーの時代、オパールは独特な色味が尊重されて人気が高かった。写真のブローチはニューヨークのブランド、マーカスのためにデザインされたもの。自然のままのオパールの色合いがエナメル加工でさらに鮮やかに。

トルコ石のブローチ
1850年
Turquoise brooch
19世紀、トルコ石は感情を伝えるジュエリーとして人気が高く、花嫁介添人への贈り物に使われた。明るいブルーが勿忘草の花を連想させ、花言葉の「真実の愛」を伝える。

高級ジュエリー *Fine Jewellery*

パリは中世に高級ジュエリー随一の中心地として確立された。現在でも、ショーメ、ブシュロン、ヴァンクリーフ＆アーペル、シャネル、ディオールなどのブランドがヴァンドーム広場やその周辺に本店を置いている。20世紀初頭からはニューヨークやロンドンのブランドとも競合するようになった。高級ブランドは最高級の材料を使うだけでなく、独自のアイデンティティーを保つデザイン手法を開発している。

ヴァンクリーフ＆アーペル
1930年
Van Cleef & Arpels
ヴァンクリーフ＆アーペル作とされる華麗なブローチ。<庭園>をテーマにモチーフやストーリーを取り入れたブランドで、形を変えて使えるデザインや表から見えないセッティングなどの革新的な技術を持っている。

ディオール
2010年（下）
Dior
ホワイトゴールド、ダイヤモンド、ピンクトルマリンのリング。<ヴァンパイアのフィアンセ>をテーマにしたコレクションで発表された。ヴィクトワール・ドゥ・カステラーヌが永遠の愛を表すリングとしてデザインし、フランスのサルコジ大統領がカーラ・ブルーニのために購入。

ブシュロン
2010年(左)
Boucheron

バーレスク・ダンサーのディタ・フォン・ティースがつけている蛇の形のブレスレットは、ダイヤモンドの体にルビーの目。蛇のデザインは1878年に初めて使われ、<贅沢な動物寓話集>をテーマとするブシュロンのジュエリーによく登場する。

ティファニー
1960年代
Tiffany

ニューヨーク5番街のティファニーは、アメリカ風の洗練されたデザインとゲストデザイナーや高級ダイヤモンドで知られる。写真のゴールドリングは2つの卵形の珊瑚とダイヤモンドを上品に配置。

カルティエ
1950年代
Cartier

1847年創業のカルティエは、多様な材料や色彩を用いた独特の幾何学形や花のモチーフ、具象的デザインで知られる。様式的なアフリカの仮面のブローチは、フランスによるアフリカ諸国の植民地支配が終わった時代に作られたもの。

レディース・ジュエリー
Female Jewellery

18世紀、女性用のジュエリーは昼用と夜用で区別されるようになった。昼用ではパールが最も人気が高く、豪華な貴石や半貴石で作られた揃えのジュエリー(パリュール)は夜用に使われた。宝石や人造宝石は特にろうそくの明かりで輝くように多面形にカットされ、今も晩餐会や豪華式典などで用いられる。十字架モチーフ、パールをつなげたデザイン、チェーンなどは当時から現在まで使われている。

パール
1765年頃
Pearls
首の回りにリボンで留めたパールのネックレスとイアリングがデイウエアに使われている。白いパールが女性の白い肌と肩にかけたショールの白さを引き立てる。

腕時計
1936年
Wristwatch
女性用の腕時計は1910年代に流行した。カルティエの豪華な腕時計は、文字盤を囲むダイヤモンドのバゲットカットに似ていることから<バゲットスタイル>と呼ばれた。

ゴシック風パリュール
1848年(右)
Gothic parure

中世のモチーフ、材料、技術にヒントを得たピュージンのデザイン。ガーネットのカボション、パール、ゴールドを使い、フルール・ド・リス（アイリスの紋章）と十字架をあしらったゴシックのリバイバル。

チェーンブレスレット
1890年
Chain bracelet

揃いのネックレスなしにブレスレットをつけるスタイルは1840年代に流行した。宝石を使ったブレスレットやチェーン使いを得意とするレオン・ガリオのデザイン。写真では大きなゴールドの環とダイヤモンドが使われている。

エメラルドのパリュール
1806年
Emerald parure

ステファニー・ド・ボアルネがナポレオン１世から授けられたパリュールで、肖像画にも描かれている。シンプルなスタイルだが、オープンバックでセットされた大きなエメラルドの色彩が鮮やか。

メンズ・ジュエリー *Male Jewellery*

20世紀後半まで男性用の装飾品は、主に身体よりも衣服を飾ることを目的とした。18世紀には装飾や宝石をあしらったボタンでコートを飾ったが、その後、男性服の仕立てがシンプルになると、そうした習慣はなくなった。その代わりに、ピン、フォブにつけたチェーン、懐中時計などでネックウエア、ベスト、ズボンを飾るようになり、さらに持ち主の地位や嗜好を反映するアイテムとして腕時計が加わった。

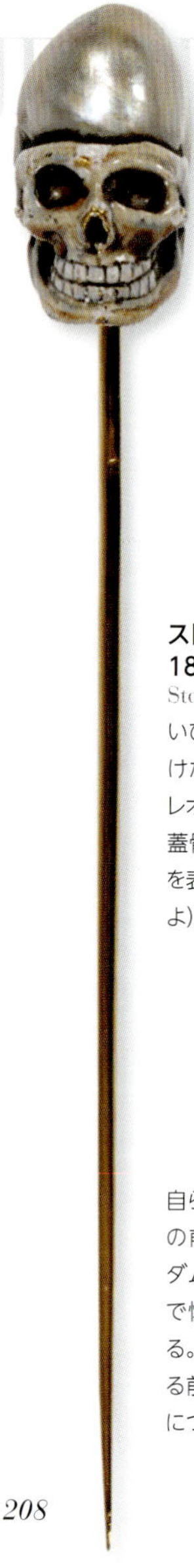

ストックピン
1800-20年
Stock pin
いびつな形のパールとエナメルをかけたゴールドのストックピン。ナポレオン1世の所有と伝えられる。頭蓋骨のモチーフは、人生のはかなさを表す<メメント・モリ（死を記憶せよ)>という警句に使われる。

懐中時計
1857年
Pocket watch
自ら設計した蒸気船の進水用機械の前に立つイザムバード・キングダム・ブルネル。フォーマルな衣服で懐中時計のチェーンを見せている。1920年代に腕時計が普及する前は、男性はみな懐中時計を身につけた。

フォブ
1815-20年
Fob

印章の形をしたフォブ。懐中時計のチェーンにつけて、ズボンの小さなポケットからウエストのすぐ下に垂らしたと考えられる。彫刻の装飾はトラファルガー海戦のシーン。

ヴェルサーチ
2010年
Versace

身体に視線を集めるアイテムとして、軍隊の識別タグからヒントを得たペンダントが1950年代から作られている。ヴェルサーチのデザインは、胸を開けたカジュアルなスタイルに3つの異なるネックレスを重ねた。

ロレックス
1998年
Rolex

1945年のオイスターパーペチュアル・デイトジャスト。映画のアクション・ヒーロー、ジェームズ・ボンドが身につけ、洗練された実用的なイメージを高めた。写真はスチールとホワイトゴールドのクラシックタイプ。

ヘアスタイルとメイクアップ

Hair & Make-up

イントロダクション *Introduction*

ファッションは、衣服や装身具にヘアスタイルとメイクアップが加わって完成される。歴史的に男性と女性のヘアスタイルは共通点が多かったが、男性がウィッグ（かつら）をつけるのをやめてショートヘアになると、女性の髪形の方がバリエーション豊かになった。女性は髪の長さが選べるとともに、1950年代からは著名人だけでなく普通の女性にもカラーリングが受け入れられた。ヘアスタイルの種類が増えても、地位、職業、年齢などの文化的影響はまだ残っている。

ロングヘア
1867年
Long hair
デンマークのアレクサンドラ王女。撮影当時は23歳で、すでに後の英国王エドワード7世と結婚し、子どもがいた。大きなリボンと下ろした髪は若々しいスタイルで、インフォーマルな場でのみ認められた。

脱色した髪
1950年代
Peroxide
1950年代にイギリス版マリリン・モンローだったジェーン・マンスフィールド。トレードマークの脱色したブロンドヘアを最初に流行させたのは、「プラチナブロンド」と呼ばれたジーン・ハーロウなど1930年代の映画スターたち。

ブロンドヘア
1999年
Blonde hair

サティヤ・オブレットは、1990年代後半にケンゾーやゴルチェなどのモデルとして成功したのは「斬新なルックスのおかげ」だと話す。ブロンドの髪と髭が褐色の肌とコントラストをなす。

スリークスタイル
1937年
Sleek hair

1930年代のこざっぱりとしたショートヘアのケント公夫妻。男女とも中央かサイドに分け目を入れ、全体的に滑らかな形。公妃はカールとウェーブでソフトな印象に。

法廷用ウィッグ
1800年
Court wig

この種のウィッグは1730年頃に流行し、1800年までに法律家や医師など特定の職業の人だけが使うようになった。写真のウィッグは馬の毛で作られ、バラの飾りの黒いシルクのバッグの中にテール（おさげ）が入っている。

メンズ・ヘアスタイル(フェイシャル)
Male Hair - Facial

山羊髭
1988年
Goatee
山羊髭と呼ばれる小さなあご髭を生やしたブラッド・ピット。19世紀中頃に先を尖らせた山羊髭が流行した。1960年代はビートニク・ルックで好まれ、1990年代以降は芸術家や知識人を連想させる。

あご鬚、口鬚、頬鬚などのフェイシャルヘアは伝統的に男性らしさと強さを示すとされてきたが、流行による変化も見られる。18世紀末に男性がウィッグをつけなくなると、特に1850年以降、フェイシャルヘアが注目を集めた。あご鬚は真面目で成功している実業家を連想させ、口鬚は有名な軍人の影響が大きかった。1910年から60年にかけてフェイシャルヘアの流行は下火になり、以降は芸術家や知識人のイメージを帯びるようになった。

頬鬚
19世紀後半
Sideburns
英国軍人でインド行政官だったリチャード・ストレイチー卿。長い頬鬚は顔の両側に沿ってあごの下まで伸びている。アメリカのバーンサイド将軍の名を取って1860年頃に「サイドバーン(頬鬚)」と呼ばれるようになった。

あご髭と口鬚
1890年頃
Beard and moustache

ウィリアム・ブレイク・リッチモンド卿は高名な画家で王立芸術院の教授だった。彼のあご髭と口鬚は剃刀やはさみによる手入れがほとんど要らないスタイルで、長髪に合っている。

きれいに剃った髭
1910年
Clean shaven

1900年代前半、欧米でジレットの使い捨て剃刀が流通し、髭をきれいに剃ったスタイルが広まる要因になった。1910年頃には髭が敬遠され、髭を生やした男性は「ビーバー」とけなされた。

口鬚
1870年
Moustache

ナポレオン3世と皇帝ヴィルヘルムの大胆な口鬚は称賛の的となった。特別な手入れが必要で、就寝中はゴムと革のストラップがついたシルクゴーズをあてて形が崩れるのを防いだ。

メンズ・ヘアスタイル（リバイバル）
Male Hair - Revivals

男性のヘアスタイルは、年齢、地位、職業から思想、所属団体まで、実にさまざまなイメージを与える。19世紀にウィッグをつける習慣がなくなって以来、ヘアスタイルの流行は変化を続けている。19世紀には顔周りで緩くカールさせた髪がロマン主義風とされた。長い髪は自由奔放なスタイルとして芸術家や知識人を連想させ、短い髪は特に第二次世界大戦以降、軍隊、強さ、支配力を連想させるスタイルとして浸透している。

ポニーテール
2007年
Poly tail
カール・ラガーフェルドは自毛で18世紀の白いウィッグ風のヘアスタイルを演出し、ポニーテールにまとめた。1960年代以降、装飾性を排したこの髪型は、反抗心や自由の象徴となった。

ロマン派
1812年
Romantic
髪を前方向にカールしたスタイル。1800年代前半に芸術とファッションの主流となったネオクラシックの影響が見られる。2006年頃にも変形バージョンが登場。

ポンパドール 1959年

Pompadour

エルヴィス・プレスリーを真似た1950年代のクリフ・リチャードの髪型。ポンパドールはダックテールから派生したスタイルで、サイドとフロントの長い髪を後ろに流してワックスで固める。

クイフ 2010年

Quiff

1950年代の英国でテディ・ボーイズが見せた極端なダックテールは、クイフと呼ばれた。写真はボッテガ・ヴェネタのモデルのカールさせた新型クイフ。

ビートルズカット 1963年

Beatle cut

厚い前髪をまっすぐ垂らして額を覆うスタイル。1960年代前半、この前髪の長さは衝撃的だった。女性の幾何学的スタイルに似たカットが若者の間で流行。

レディース・ヘアスタイル(リバイバル)
Female Hair - Revivals

19世紀から20世紀にかけて、スタイリストと著名人がヘアスタイルの流行を作り出した。最近ではファッションショーもトレンドを生む場として重要性を増している。ヘアケア製品が進化したおかげで、髪にダメージを与えず、ウィッグを使うこともなく、過去のスタイルを再現できるようになった。ジーン・シュリンプトンやブリジッド・バルドーなどのスターの影響で、シンプルに見せたスタイリングが1960年代に発達した。

ゲインズバラ
1785年
Gainsborough
1770年代は人工的な髪形が流行してウィッグが多用されたが、その後、絵画「シェリダン夫人」に見られるような自然なスタイルに。髪全体が小さくなり、ボリュームを持たせたサイドと長く垂れたカールが対照的。

ディオール
2010年
Dior
ジョン・ガリアーノが18世紀後半のファッションに触発されたと語ったプレタポルテ・コレクション。ゲインズバラの絵画「シェリダン夫人」(左)に似たスタイルに長く編んだ髪を垂らした。

編んだ髪
2010年
Plait

ニューヨークのアレキサンダー・ワンによる2010年夏のコレクション。ラフに編んだ髪にスポーツウエアからヒントを得た服を合わせて、ロマンチックなスクールガール風。

ビーハイブ
1962年
Beehive

歌手のダスティ・スプリングフィールドの髪型は、サイドをすっきりさせて頭頂部を高く持ち上げた1960年代前半のスタイル。逆毛を立て、多量のヘアスプレーで固めた。

ラフな髪
1962年
Unkempt

ブリジッド・バルドーは若々しくも魅惑的な服とヘアスタイルで1950年代から60年代のファッションに影響を与えた。トレードマークのラフなブロンドヘアがさまざまなスタイルを刺激。

レディース・ヘアスタイル(カットとセット)
Female Hair - Cut & Control

結わずに垂らした髪は中世において花嫁を象徴し、19世紀には若々しさや時には不道徳を表すなど、西洋世界でさまざまな文化的意味を帯びてきた。女性は大人になると髪を結うのが普通で、ショートヘアは1920年代まで受け入れられなかった。その後、短く切った髪が都会的ファッションと考えられるようになり、そのイメージが1960年代に復活した。それ以降、特に決まったルールはない。

セットされた髪
1862年
Controlled hair
アレクサンドラ王女のヘアスタイルは、頭頂部を平らにしてリボンかヘアネットでまとめている。1862年の英国皇太子との婚約を記念して取られた写真かもしれない。

幾何学的カット
1964年
Geometric cut
ヴィダル・サスーンによるマリー・クワントの幾何学ヘアスタイル。髪本来の美しさを引き立てるカットで、ローションやスプレーが不要。毎週のようにヘアサロンに通わずに済む。

ショートヘア 1798年（下）

Short hair

フランス革命後にショートヘアが存在したことを示すスタイル画。クラシックスタイルの影響が見られる。ギロチンで処刑された人々へ敬意を表して髪を切った女性がいた可能性もある。

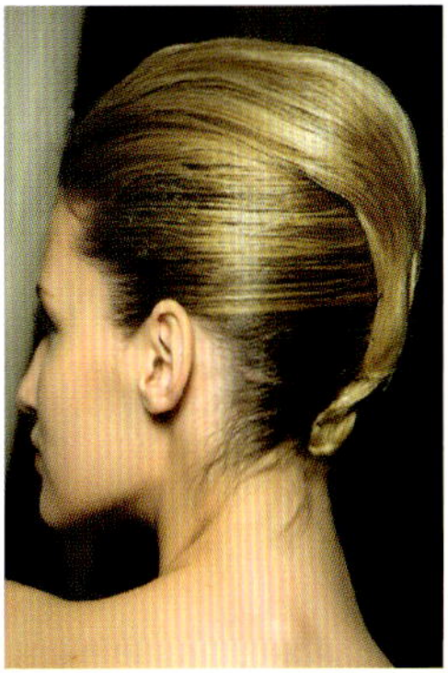

フレンチツイスト 2010年（左）

French pleat

シンプルで洗練されたフレンチツイストは、1950年代に映画『ティファニーで朝食を』のオードリー・ヘプバーンの影響で流行した。頭頂部にボリュームを持たせ、サイドを薄くしたスタイルはアルマーニのショーで撮影されたもの。

ポニーテールとリボン 1960年代

Pony tail and bow

後ろでシニョンかポニーテールにすっきりまとめたジーン・シュリンプトンのヘアスタイル。黒いベルベットのリボンは、18世紀に書かれたヘンリー・フィールディングの小説にちなんで「トム・ジョーンズ」と呼ばれた。

レディース・メイクアップ
Women's Make-up

ルイーズ・ブルックス
1928年
Louise Brooks
映画スターのルイーズ・ブルックス。コントラストが強いメイクは、1920年代のモノクロ映画用。マックスファクターなどのメーカーが一般向けメイク用品を開発し、次第に受け入れられた。

メイクアップには歴史的に、自然に見せることと人工的な効果を与えることの両方の目的があった。18世紀、日焼けをするのは労働階級に限られ、上流階級の女性たちは少しでも肌を白く見せようとした。宮廷では極端に人工的なメイクがなされ、特にフランスでその傾向が強かったが、19世紀には自然に近いメイクが流行した。その後、ハリウッド映画が流行した1920年代になってはじめて派手なメイクが認めらた。

ソフィア・ローレン
1966年
Sophia Loren
1960年代のイタリア人女優のソフィア・ローレンは、後のデザイナーやメイクアップ・アーチストに影響を与えた。つけまつ毛と繊細な曲線のアイラインで、非の打ち所のない完璧なメイク。

ソフトゴシック　2009年
Soft Gothic

ゴシックは何度もリバイバルされたが、メイクには常に黒、紫、白が使われた。プラダのコレクションでは、ぼかしたブラウンのアイメイクでソフトな仕上がり。

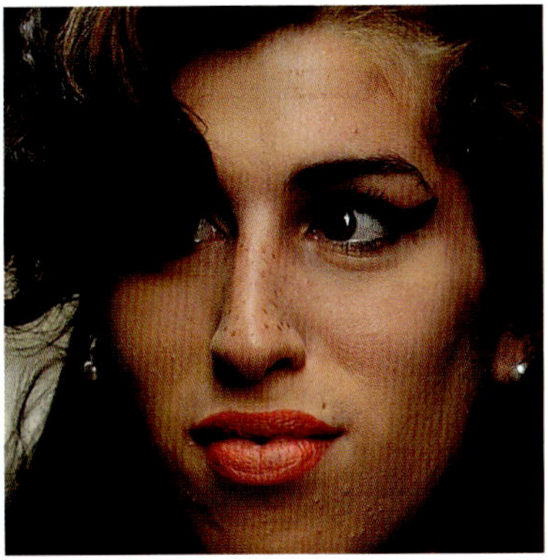

エイミー・ワインハウス 2009年
Amy Winehouse

エイミー・ワインハウスは、1950年代後半から60年代に流行したメイクをさらに強調。リキッドアイライナーによる漆黒のアイラインが、くっきり引いた眉まで届いている。

タトゥー　2010年
Tatoos

シャネルのメイクアップ・ディレクターのピーター・フィリップスが手がけたシール式タトゥーのシリーズ。シャネルを象徴するモチーフが使われ、最長で1週間ほど持続する。写真の例は、Cの文字を組み合わせたロゴとチェーン。

デザイナーとブランド

Designers & Brands

DESIGNERS & BRANDS

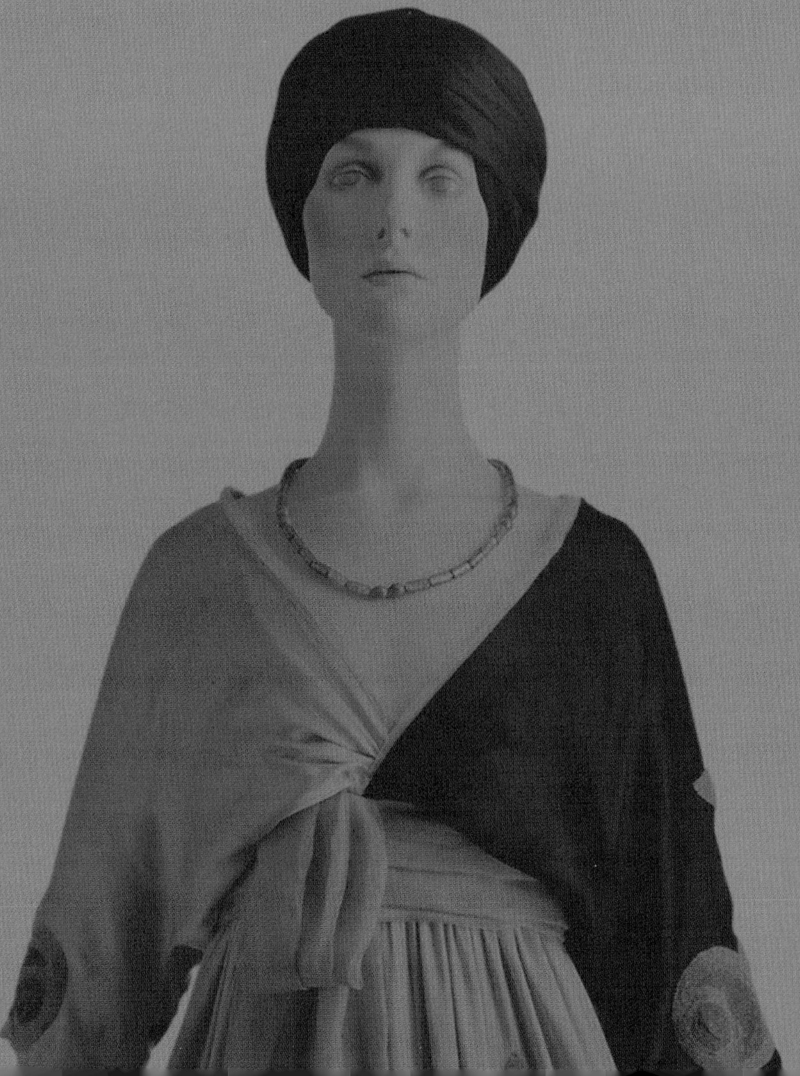

イントロダクション *Introduction*

ファッションの中心地であるパリ、ミラノ、ニューヨーク、ロンドンには独自の歴史があり、現在のデザイナーやブランドに多様性をもたらしている。ジョン・ガリアーノやカール・ラガーフェルドをはじめ、自分のレーベルだけでなく他のブランドのデザインを手がけるデザイナーも多い。グッチやエルメスなど最初は革製品だけを扱っていたメーカーが、今ではトップブランドとしてさまざまな衣料アイテムに進出している。

**ピエール・カルダン
1967年**
Pierre Cardin
カルダンらしいミニマリズムが表現された青いクレープ地のミニドレス。カルダンは「1960年代に服の完璧な直線形を見出して以来、その美しさに忠実であり続けている」と語る。

**ラルフ・ローレン
2010年**
Ralph Lauren
カジュアルでもフォーマルでも、ラルフ・ローレンのアプローチはアメリカン・クラシック。リーバイスの作業着からヒントを得たジーンズに、サスペンダーなどのメンズアイテムを合わせた。

シャネル
1922年
Chanel

刺繍を使ったイブニングドレスのスタイルは、1920年代前半のガブリエル・シャネルのトレードマークとなった。ロシアの刺繍メゾン、キトミールが彼女のためだけに手がけた装飾。

イヴ・サンローラン
1968年
Yves Saint Laurent

イヴ・サンローランはテーマ性のあるアイテムを数多く残し、現在でも独特なスタイルで知られる。ギャバジン地のサファリチュニックもその1つで、ショッキングな深い前開きは1966年発表の最初のバージョンにも見られる。

エルメス
2005年
Hermés

エルメスは高い品質と高級感あふれるブランドスタイルで知られる。ジャン=ポール・ゴルチェがデザインしたシンプルな水着のモチーフは、商品の包装に使うロゴ入りリボン。

初期の有名デザイナー

The First Celebrity Designers

18世紀後半まで、ドレスメーカー、帽子職人、テイラーなど衣類の製造にあたる人々は一般に知られていなかった。フランスでローズ・ベルタンがデザイナーとして最初に名を知られ、その後、ルイ＝イポリット・ルロワが男性初の有名デザイナーになる。いずれも単独で仕事をしたわけではないが、デザイナーを代表する存在だった。19世紀を通して技術が継承され、ファッションの中心としてのパリの評価が高まった。

シャルル・フレデリック・ウォルト 1825-95年
Charles Frederick Worth
ウォルトの高級衣装店は1858年から1956年まで続いた。写真のイブニングドレスは、シャルル・フレデリック・ウォルトが1881年に手がけたもの。身体のラインに沿ったデザインで、最高級の織地に刺繍が施されている。

ローズ・ベルタン 1747-1813年
Rose Bertin
ローズ・ベルタンの顧客の中で最も有名だったのはマリー・アントワネット。このような豪華な宮廷ドレスを季節ごとに平均12着ほど注文した。ベルタンは派手なヘッドドレスで特に知られ、この絵では真珠と鳥羽の装飾。

ジャック・ドゥーセ
1853-1929年(左)
Jacques Doucet

ドゥーセなど初期のデザイナーの顧客には王族や女優がいた。フランス人女優のプロヴォスト嬢が着ている裳裾のついた刺繍入りシルクドレスは1909年に作られた。羽毛の帽子はフランス帝国とドゥーセが好んだ18世紀から着想を得た。

ポール・ポワレ
1879-1944年(右)
Paul Poiret

ポール・ポワレはコルセットを廃したデザイナーの1人とされる。1912年に作られた＜ソルベ＞はポワレの代表作の1つ。ワイヤーで広げたチュニックの形と東洋風のタッチが高く評価された。

ルイ=イポリット・ルロワ
1763-1829年
L.-H. LeRoy

ルロワが皇后ジョセフィーヌのためにデザインしたドレス。デヴィッドの絵にも描かれたルロワ作の1804年の戴冠式のドレスと同形。袖の上部に見られる斜めの刺繍と後部中央の布地の結び目が特徴的。

DESIGNERS & BRANDS

デザイナーからブランドへ
Designers to Brands

1920年代はパリがまだファッション界の中心だったが、1つの高級服メーカーがファッションをリードする時代ではなくなっていた。当時から現在まで続くメーカーもあり、その起源がさまざまな形で現代ファッションに影響している。ランバンは創業者時代から続く母と娘のモチーフを今も継承し、過去のデザインに触発されるメーカーもある。1920年代のパトゥや1960年代のカルダンなど、自分の名前でブランドの独自性を示すデザイナーも登場した。

ジャンヌ・ランバン
1867-1946年
Jeanne Lanvin
ランバンはパリに現存する最古の高級服メーカー。写真は1935年に作られた紫のシルクベルベットのイブニングケープとサテン地のドレスで、濃厚な東洋の色と風合いに対するジャンヌ・ランバンの愛着が表れている。子ども服とインテリアデザインの部門もあった。

ピエール・カルダン
1922年-
Pierre Cardin
ピエール・カルダンが1967年のメンズ・コレクションで発表した<宇宙《コスモス》>は、レディースと同じミニマルな手法。1960年代、着心地が良く実用的なウールジャージーの服は斬新な未来志向と受け止められた。

マドレーヌ・ヴィオネ 1876-1975年（下）

Medeleine Vionnet

ヴィオネは近代ビジネスとドレスメーキングの革新性を融合させた。1935年に作られたクレープ地のカクテルドレスで、独自のシルエットとボディラインに沿って優雅なひだを生み出すバイアスカットを生み出した。

クリストバル・バレンシアガ 1895-1972年（上）

Christóbal Balenciaga

スペイン人デザイナーのバレンシアガが1937年に手がけたシルクガザルのイブニングドレスは、1968年に引退する直前に生み出されたドラマチックなデザイン。黒の立体的なレイヤーは聖職者の衣装からヒントを得た。

ジャン・パトゥ 1880-1936年

Jean Patou

1920年代、ジャン・パトゥには女優のルイーズ・ブルックスやテニス選手のスザンヌ・ラングレンなどの顧客がいた。シンプルながら豪華な装飾のイブニングドレス<ビザンス>など、現代的な女性のための服をデザイン。

シャネル *Chanel*

ガブリエル“ココ”シャネル（1883-1971年）がファッション界で活躍した時期は、1910年代から39年までと1954年から71年までに分かれる。コルセットを必要としないモダンで活動的な女性のために、実用的ながらもスタイリッシュな服を生み出した。男性服をもとにした服もデザインしたが、最も有名なのはスーツと1920年代のシンプルなブラックドレス。バングル、真珠、チェーンなどのアクセサリーもシャネルのスタイルに欠かせない。

カール・ラガーフェルド 1983年
Karl Lagerfeld
ラガーフェルドがシャネルのクリエイティブ・デザイン・ディレクターに就任した時、ブランドの広告塔となったモデルのイネス・ド・ラ・フレサンジュが女性的イメージを印象づけた。シャネルの優雅で実用的なスタイルを踏襲した半袖ブレザーを試着している。

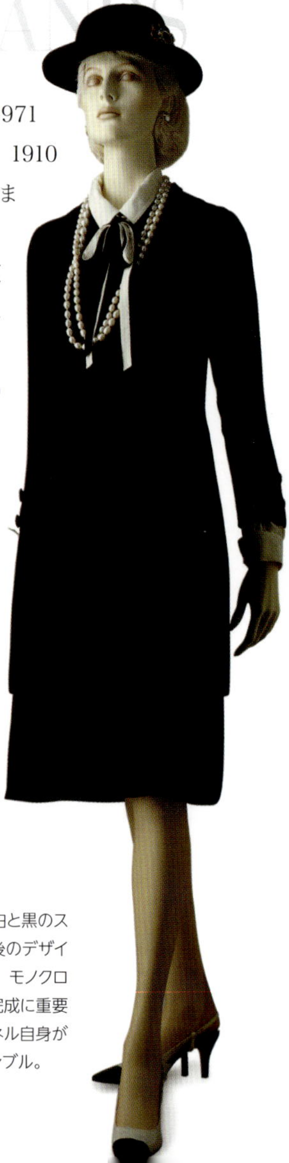

ミール・シャネル 1965年
Mille Chanel
余分なものをそぎ落とした白と黒のスタイルは、シャネルの復帰後のデザイン。アクセサリー使いから、モノクロというテーマがスタイルの完成に重要であることが分かる。シャネル自身が着用したと見られるアンサンブル。

プレタポルテ
2007年（右）
Prêt-à-porter
シャネルが1930年代に取り入れたボーイッシュな夏のスタイルを思わせる。存在感のあるブレスレットはシャネルが身につけたものの変形バージョンで、フルコ・ディ・ヴェルドゥーラのデザイン。

カール・ラガーフェルド
2003年（上）
Karl Lagerfeld
1950年代のシャネルの昼用ツイードスーツに、ラガーフェルドが遊び心を加えた。金色のブークレ地にビーズと毛皮で豪華なイブニングウエアに。

オートクチュール
2009年
Haute couture
カール・ラガーフェルドはシャネルが好んだ白と黒の配色をコレクションに取り入れてきた。白いドレスには刺繍のアトリエ、ルサージュが作った紙繊維の素材が使われている。

ディオール *Dior*

クリスチャン・ディオール(1905-1957年)は自身のレーベルを1947年に創業し、＜ニュールック＞と報じられた最初のコレクションでたちまち大成功を収めた。戦争中の短く細身の服からかけ離れたスタイルは、18世紀の色や素材、1890年代のリボンやウエストの細いシルエットから影響を受けている。理想的な形を作り出すために芯や硬いペチコートを使うこともある。

Yライン
1955年
Y-line
シルクグログランのカクテルドレス。深いネックラインのY字とスカートのの逆Y字に、ディオールがテーマとしたYラインが表れている。芯入りボディスとネットの層で広げたスカートがディオールらしい。

ブラックスワン
1949-50年
Black swan
別布を使って珍しい形を作り出すデザインは、1940年代後半のディオールの服に見られる。スカートはシルクベルベットの別布がリボンのような印象を与え、その上に芯入りボディスがついている。

ジョン・ガリアーノ　2010年夏(左)

John Galliano

ジョン・ガリアーノは1997年にディオールのデザイナーとなった。オートクチュール・コレクションのドレスには、クリスチャン・ディオールによる男性服風の仕立てと対照的な別布を使う手法が見られる。

マルク・ボアン
1967年

Marc Bohan

マルク・ボアンはイヴ・サンローランに代わり1960年から89年までディオールのデザイナーを努めた。黒のシルクオーガンザと駝鳥の羽毛のイブニングドレスは、珍しい素材で若々しい優雅さを表現。

ジョン・ガリアーノ
2010年冬(右)

John Galliano

18世紀はクリスチャン・ディオールが影響を受けた時代であり、ガリアーノがデザインする際に立ち返る時代でもある。リボンで飾ったランジェリーというテーマにニットウエアをアレンジ。

ジョルジォ・アルマーニ
Giorgio Armani

アルマーニ（1934年-）はニノ・セルッティでデザインを手がけた後、1974年に自身のメンズウエア・ブランドを立ち上げ、1975年にはレディース・コレクションも開始した。しなやかでソフトな仕上げのジャケットで1970年代と80年代の男性服の仕立てに大きな影響を与え、控えめな色彩も現代的で上品なデザインという評価を高めた。洗練されたデザイン手法をレディースにも取り入れ、実業界の顧客から支持されている。傘下には他のファッションラインや家具、ホテルのブランドもある。

2010年夏
Summer 2010
2つボタンのシングルスーツはネクタイをせず、片襟を内側に倒したカジュアルな着こなし。アルマーニは着心地の良さを追求しながらも上品なスタイルで知られている。軽い素材を使ったグレー系のコーディネーションはアルマーニの典型的スタイル。

2008年冬
Winter 2008
2008年のアルマーニのコレクションには、モノトーンをベースに模様や差し色が見られた。ゆったりしたズボンの黒いベルベットがグレーのジャケットの生地と対照的。

ギャルソン
1980年代（上）
Garçonne
アルマーニは1980年代に繊細な色使いで知られたが、グレー系でまとめたコーディネートもその一例。シャツとジャケットに入れた大きな肩パッドで力強いシルエットに。

2007年夏
Summer 2007
伝統的な男性のサマーウエアである紺のブレザーに白いフラネルのズボンと同じ色使い。1920年代のオクスフォード・バッグズのような幅広のズボンは現代的なローライズ。

2009年オートクチュール
Haute couture 2009
オペラ「トゥーランドット」に触発されたコレクション。スパンコールのような光沢を出した服地など実験的な素材や色を取り入れた。2009年のトレンドである極端な肩のラインとアルマーニらしい滑らかなシルエットの組み合わせ。

エルメス *Hermès*

エルメスはティエリ・エルメスが1837年に開業した馬具工房に始まり、1930年代にはハンドバッグやスカーフなど幅広い製品を扱った。この20年はピエール・アルディがシューズやジュエリーをデザインし、ジャン＝ポール・ゴルチェが2003年からレディースウエアを手がけている。いまだにケリーバッグとバーキンバッグが根強い人気を誇り、レザーやシルクなど最高級の素材とオレンジとブラウンの色使いがトレードマーク。

シープスキンコート 2005年
Sheepskin coat
エルメスは常に取り扱いアイテムを馬具工房というブランドの原点と関連づけ、衣料には必ずレザー製品がある。写真は従来からあるシープスキンを使ったコートで、現代的なデザイン。

レザーアンサンブル 2010年(右)
Leather ensemble
1960年代のイギリスの人気TVドラマに出てくる女性スパイ、エマ・ピールをイメージしたレザースーツに、山高帽とバッグをコーディネート。流行のレザーは品質の良さが際立つ。

エルメスの代表色
2005年
Signature colours

ネオクラッシック風のサマードレス。オレンジとブラウンはエルメスを代表する色。ゴルチェがエルメスに抱くシンプルで整然としたイメージが、デザインにも表れている。

スカーフ
1990年
Scarf

エルメスは1937年にリヨンでスカーフ製造を始め、年2回のコレクションのたびに12のデザインを発表している。紋章をテーマにしたスカーフはその代表例で、鮮やかな色使いと手仕上げの縁縫いが特徴。

バーキンバッグ
2007年
Birkin bag

エルメス社長と歌手のジェーン・バーキンの偶然の出会いがきっかけとなり、1984年にバーキンバッグが作られた。写真はイリエワニの皮で作られた最高級品。

プラダ *Prada*

プラダは歴史あるブランドだが、知性を感じさせ、常識をくつがえす現代的なスタイルで定評がある。マリオ・プラダが1913年に創業し、レザーケース、腕時計、夜会用バッグなどの高級品を扱ったが、1978年からマリオの孫のミウッチャが経営にあたり、衣料品、靴、香水、携帯電話までビジネスを拡大している。

ナイロンバッグ
2008年
Nylon bag
1980年代からレザーに代えてナイロンがバッグに取り入れられ、革新性と現代的感覚が評価されてプラダを代表するアイテムとなった。レザーが使われているのは持ち手と縁取りだけ。

ピーコックスカート
2005年
Peacock skirt
本物のクジャクの羽を使った2005年のスカートは、話題を集めたプラダのデザインの1つ。贅沢な素材を使った技術的にも制作が難しいアイテムで、オートクチュールと既製服の限界を広げた。

ボトルキャップのスカート 2007年

Bottle top skirt

ミウッチャ・プラダが「衣服デザインの90%は生地にある」と話すように、プラダはイタリアの織物工場と連携して独自の生地を製造している。2007年にはボトルキャップのようなアルミで装飾されたスカートを発表。

アールヌーボー風チュニック 2008年

Art Nouveau tunic

プラダは米国人アーティスト、ジェームス・ジーンと共同で2008年夏のコレクションを制作した。アールヌーボーの曲線、オジー・クラークが1960年代に用いた軽い素材、妖精や花が登場するファンタジーを組み合わせてロマンチックな世界を表現。

素材の逆転 2007年

Contradictory fabric

2007年のコレクションで発表された、ダッチェスサテンのデイウエアと1940年代風ターバン。普通はイブニングウエアに使う素材だが、ミウッチャ・プラダは「素材の逆転から現代的デザインが生まれる」と言う。

ラルフ・ローレン *Ralph Lauren*

フロンティア
2009年
Frontier
質感と対照的なニュアンスカラーで大西部のイメージを表現。レザーベルトに装飾性の高い銀のバックルがつき、ジャケットはウールのパッチワークだが、ドレスは薄いシルク製。

ラルフ・ローレン(1939年-)はアメリカの歴史と文化の理想形を想起させるファッションを確立した。1968年にアイビーリーグ・スタイルをもとにポロ・ブランドを立ち上げ、高級感がありスポーティで若々しいメンズアイテムを制作した。1972年からはアメリカ西部の大平原《プレーリー》や開拓時代をテーマにしたレディースも手がけ、女性的なボリュームスカートや男性服にヒントを得たデザインを展開。高品質の生地と微妙な色使いで定評を得ている。

ナバホ
2004年
Navaho
ローレンが1978年のプレーリー・ルック・コレクションで初めて使ったナバホ族の銀製ベルトの大型バージョン。ベージュのジャージー地のトップスとスカートのミニマルなデザインがベルトの存在感を強調。

デニム
2010年(左)
Denim

アメリカの作業服に使われたデニムをヒントにしたイブニングドレス。素材は上質な薄手のシルクとシフォン。色あせたデニムを模したシルクは、多彩な青色に染めてからシルバーで装飾された。

マリンルック
2006年(右)
Nautical

ミリタリーとマリンルックはローレンのコレクションに影響を与えてきた。白を全面に出した綿のサマーウエアはトップスのストライプがアクセントとなって、新鮮でスポーティなイメージ。

アイビーリーグ
2010年
Ivy League

プレッピーで上品なスタイルは1900年代のアイビーリーグから。ソフトな仕立てのブレザーで若々しくスポーティなイメージを保っている。

DESIGNERS & BRANDS

イヴ・サンローラン
Yves Saint Laurent

イヴ・サンローラン(1936-2008年)は1961年にパートナーのピエール・ベルジェの協力を得て自身のレーベルを設立した。ディオールの後継者であるサンローランはフランスのファッション黄金期の流れをくみ、仕立て技術の高さとともに、特に1966年からはパンツスーツで知られる。コレクションのテーマにはアフリカやロシアなどの文化が影響している。

アフリカ 1967年
Africa
アフリカをテーマにしたドレスは、木製ビーズやラフィアで装飾されたシルク製。若々しく現代的なアプローチが、透けて見える胴部とショート丈のミニドレスにはっきりと表れている。

カクテルドレス 1985年頃(右)
Cocktail
サンローランが初めて注目されたのは10代の時。カクテルドレスのデザインがコンクールで最優秀賞に輝いた。写真は曲線と上質な生地を生かしたグラマラスなバージョン。

ヒップハングスーツ
1994年（左）
Hipster suit

1960年代以降、サンローランは男性服をヒントにさまざまなパンツスーツを作っている。伝統的に男性服の生地とされるグレーのピンストライプを使ったスリーピース。

ステファノ・ピラーティ
2010年夏
Stefano Pilati

ステファノ・ピラーティは2000年からプレタポルテ・ライン、リヴ・ゴーシュのコレクションを担当している。2010年夏のコレクションでは新しいミニマリズムを表現。素材の質感を生かして1色で服をデザインし、ブラウンのベルトでアクセントをつけた。

ステファノ・ピラーティ
2010年夏（上）
Stefano Pilati

ジャージー地のチュニックの上にかっちりした白のジャケットとバギーパンツを合わせた優美なレイヤードスタイル。対照的な形と聖職者を思わせる白黒の色使いがミニマリズムに劇的な効果を与えている。

APPENDICES

付録 *Appendices*

用語解説 *Glossary*

アスコットタイ　首に巻きつけて正面で結ぶ長い布。さまざまな結び方がある。

アップリケ　服地の上に他の布で型や縁取りを加える装飾法。

アニリン染料　1850年代に出回るようになった合成染料。

エンパイアライン　「エンパイア」はナポレオン1世の帝国を指す。当時の女性服は胸の下の高いウエストラインで切り替えが入った。

オーガンザ　薄く張りのある絹織物。

オートクチュール　最高級の女性の仕立て服。1950年代から70年代にかけてプレタポルテのコレクションが始まってからは、パリ・オートクチュール協会の規定に従ってパリで開かれる高級服メーカーのコレクションだけがオートクチュール・コレクションと呼ばれる。

カーゴパンツ　脚に大きなポケットがつき、ゆったりしたカジュアルなパンツ。ミリタリースタイルで使われる。

カクテルドレス　フルレングスのイブニングドレスほどフォーマルではないドレス。ショート丈もロング丈もあり、特に1950年代に流行した。

カフタン　東地中海諸国で着用される、ゆったりした足首まである上衣で長袖または五分袖。ボヘミアンスタイルとして、西洋で1960年代後半から70年代にかけて流行した。

カプリパンツ　ふくらはぎまでの長さの細身のパンツで、脇の縫い目に短いスリットが入ることが多い。1950年代に流行したアイテム。イタリアのカプリ島を拠点に活動したデザイナーのエミリオ・プッチがデザインし、カプリパンツと命名した。

カボション　面を作らずに形を整えて研磨する宝石のカット法。

ガザル　オーガンザに似た織物だが、織り目がオーガンザより密で硬さがある。絹のガザルは高価で透明感と張りがあり、片面だけに光沢がある。

ギャバジン　表に綾目がはっきりと出る綾織りの織物。密度が高くてしわになりにくく、ドレープ性がある。

ギャルソン　1920年代のフランスで使われ始めた言葉で、ズボンなどの男性アイテムを身につけたショートヘアの若い女性を指した。

靴型　靴を作る時に使う、人間の足を大まかにかたどった木型。

クリノリン　もとは馬の毛と綿または亜麻布で作られた繊維を指し、ペチコートを強くするために使われた。スカートを広げるために使われたペチコートの層に代わって、1856年にスチール製の釣り鐘型の骨組みが登場し、クリノリンと呼ばれた。

クレープ　マットで縮れた質感の織物。ドレープ性がある。

グログラン　細い畝が入った、密な織り目の生地。リボンに使われることが多い。

毛羽　生地の表面に出た繊維。ベルベットなど長い糸が表面からはみ出す生地で見られる。

芸術至上主義ファッション　19世紀後半、それまでの身体にフィットした男女の衣服に異を唱えて芸術至上主義運動が起きた。中世の女性服の影響を受けたファッションで、ロンドンのリバティー百貨店で売られた。

コットン・ジーン　16世紀のジェノヴァで生産された目の粗い生地、ジーン・ファスチャン（ジェノヴァ風ファスチャン地）に由来する綾織りの丈夫な綿布。20世紀になってジーン地で作られた作業用ズボンがジーンズと呼ばれるようになった。

コルセット　身体にぴったり合った骨組み入りの下着で、上半身のラインを補正するために用いられる。普通はレース部分がある。

ゴア　まち。膨らみを出すためにつけ足す生地で、三角形が多い。

ゴアードスカート　ウエストベルトから裾に縦の飾り布を入れたスカートで、Aラインが普通。ウエストにかさばるプリーツやギャザーを入れなくてもボリューム感が出る。

サックバックドレス　18世紀スタイルのドレス。胴部とは別に、肩でギャザーかプリーツを寄せた長くゆったりとしたドレープが垂れ下がる。

サヴィル・ロウ　ロンドンのピカデリーに近い地区。19世紀にテイラーが集中して発達した。

シフォン　薄く柔らかい織物でドレープ性が非常に高い。

絞り染め　生地を折る、絞る、糸で縛る、縫い締めるなどの方法で模様を作り出す日本の染色法。

ジャージー　軽く伸縮性がある縦編みの生地。あらゆる繊維が使われ、ギャザーやドレープによって滑らかな質感を生む。

ジャラバ　アラブ諸国で着用される、ゆったりした長い外衣。フードと袖がつく。

スティレット　靴のヒールの形で先端が非常に細くなっているものを指す。さまざまなデザインの靴に用いられる。

ストック　首に巻いて後ろで締める形の布。18世紀から使われている。

スモーキングジャケット　もとは19世紀後半に家で煙草を吸う時に着た上着で、柔らかな素材でゆったりと作られている。

スモッキング　ギャザーを寄せた生地に模様を作り出す刺繍法。

縦糸　織機で垂直方向に張る糸。経糸とも呼ばれる。

タフタ　滑らかで光沢と張りのある絹や合成繊維の織物。異なる色の縦糸と横糸が使われることが多く、見る角度で色が変わる「玉虫効果」が得られる。

ダーツ　布の一部を細長くつまんだ部分で、生地を身体のラインに沿わせるために入れる。

チュール　絹や合成繊維を使って織機で織られる薄い網状の織物。もとは19世紀前半にフランスのチュールで生産された。

ツイード　もとはスコットランドとイングランドの間にあるトウィード川流域で生産された目の粗い毛織物を指し、表面にさまざまな色のスラブ（糸が太くなった部分）が見えていた。現在は、このように見える織物全般を指す。

ティーガウン　上質なシルクやレースを使った、ゆったりしたドレス。特に家でのインフォーマルな席で着用する服として19世紀後半に流行した。

テイルコート（燕尾服）　男性の上衣で、前はウエストまでだが後ろは膝までの丈がある。特にイブニングウエアとして19世紀から着用されている。

デニム　18世紀に丈夫な綿布の産地として知られたフランスの町、ニームが語源。綾織りの生地で斜め方向にきれいな綾目が出る。

トレンチコート　男女ともに着用されるレインコート。第一次世界大戦で兵士が着用したことから「トレンチ（塹壕）」の名がついた。

トロンプルイユ　騙し絵。フランス語で「目を騙す」という意味。シュールレアリスムの影響を受けてファッションに取り入れられた手法で、エルザ・スキャパレッリやソニア・リキエルなどのデザイナーが好んだ。

トワル・ド・ジューイ（エッチング調プリント）　現在は花や風景などのモチーフを綿布に1色でプリントしたものを指す。かつてはフランスのベルサイユ宮殿の近くにあるジューイで生産されていた。

中折れ帽　つばの幅が狭い男性用の帽子。

ネールカラー　短い立ち襟で普通は男性の上衣で使われる。インドで着用される上着に由来し、西洋で1960年代に流行した。

ネオクラシック　「新しい古典主義」という意味。18世紀後半から19世紀にかけて、建築、デザイン、ファッションの分野で顕著に見られたスタイル。

ノーフォークジャケット　前と脇と背中に共布でボックスプリーツが入り、共布のベルトがついたジャケット。ツイード地で作られることが多い。19世紀後半にスポーツウエアやカジュアルウエアとして流行し、男女ともに着用された。

バー・ジャケット　ジョン・ガリアーノが2004年にリバイバルさせた1947年発表のジャケット。クリスチャン・ディオールはデザインした服に名前をつけたが、1947年に行った最初のコレクションで最も有名になったのが、ヒップラインを強調するパッド入りジャケットとボリュームスカートのスーツ。ジャケットは＜バー＞と名づけられた。

バイアス　生地の縦糸と横糸に対して45度のライン。

用語解説 *Glossary*

バッスル　スカートを膨らませるために腰にあてる装身具。小さなクッションのようなものから、ウエストからふくらはぎを包み込む曲線のフレームまで大きさはさまざま。

パッチポケット　衣服の外側に取りつけられたポケット。スポーツウエアでよく使われる。

パニエ　バスケットを表すフランス語。18世紀にスカート生地の両サイドを膨らませるために、スカートの下に着用した骨組み入りの下着。

パリュール　ひと揃えの宝飾品を表すフランス語。セットになった同じデザインの宝飾品を一緒に身につけた。

ビーバークロス　厚地の綾織りの毛織物。二重織りになっていて、表面に剪毛された滑らかな起毛がある。柔らかい手触りと長い起毛が毛皮に似ている。帽子に使われる毛羽のある布地を指すこともある。

ファイユ　光沢があり、非常に細い横畝のある平織りの織物。軽くて薄いが張りがある。

フィシュ　18世紀に流行した肩にかけるスカーフやショール。薄い亜麻布や綿、またはレースで作られた。

フォブ　チェーンから下げる男性用の装飾品。19世紀に流行した。

フランネル　平織りか綾織りの織物。普通は羊毛が使われ、表面が滑らかに毛羽立つ。発祥地はウェールズで、語源はウェールズ語で紡毛生地を表す「グランネン」。

フロックコート　19世紀に正装のコートとされた。胴部が身体のラインにフィットし、裾が広がっている。

ブリリアントカット　ダイヤモンドに良く使われる宝石のカット法。上半分が33面前後、下半分が25面にカットされる。

ブレザー　ジャケットの一種でシングルよりはダブルのものが多く、紺地に金ボタンのタイプが伝統的。19世紀のイギリス海軍で着用されたジャケットに由来したデザイン。

ブロケード　花などの柄を横糸で織り込んだ絹織物。横糸は模様の幅だけ織られて折り返されるため、刺繍のように見えることもある。平織り、綾織り、朱子織りのいずれでも使われる。

ブロンドレース　19世紀前半に作られた絹のレース。漂白していない糸を使うのでベージュ色になる。

プリンセスライン　ウエストで切り替え線を入れずに肩から裾までのフレアを入れる場合の切り替え線。

プレタポルテ　既製服を表すフランス語。大量生産される衣料品のイメージを良くするためにフランスで使われるようになった。年に2回のコレクションで幅広いサイズの服が生産される。

ベルベット　布地表面に長い羽毛が織り出される織物。

ペプラム　ブラウスやジャケットのウエスト部分につけるフレア。腰を覆う形が多い。

ボディス　肩から腰にかけてのドレスの上半分。

ポロネーズ　18世紀のドレスの一種。スカートを持ち上げて膨らませ、持ち上げた裾から下に着用したペチコートを見せる。

モアレ　生地に波形の模様をつける仕上げ工程。

横糸　織機で杼《ひ》を使って水平方向に通す糸。緯糸とも呼ばれる。

ラメ　金属色の糸を織り込んだ生地。

リーファージャケット　イギリス海軍のジャケットに由来するダブルのジャケットで、もとは紺色。19世紀後半にメンズウエアとして流行し、1960年代にリバイバルした時には男女ともに着用された。

ルーシュ　縫い目の間にギャザーを寄せた生地

ルレックス　金属製の繊維の一種。

レーヨン　人工の絹として19世紀末にセルロースから作られた、世界初の化学繊維。

レティキュール　19年代前半に使われた小さいハンドバッグ。

ローズカット　平らな底面の上に三角形の切子面が1つの頂点に集まる形の宝石のカット法。

ロシア・ブレード　2本の平行な芯を細い糸で覆った、軍服などに使われる装飾用の組み紐。金色か銀色が多い。

参考資料 *Resources*

書籍 Books

Breward, Christopher, *Fashion*, Oxford University Press, 2003.

Breward, Christopher, Ehrman, Edwina and Evans, Caroline, *The London Look*, Yale University Press, 2004.

Breward, Christopher, Gilbert, David and Lister, Jenny, *Swinging Sixties*, V&A Publications, 2006.

Chenoune, Farid, *A History of Men's Fashion*, Flammarion, 1993.

Chenoune, Farid, *Yves St Laurent*, Harry N. Abrams, 2010.

Corson, Richard, *Fashions in Make Up*, Peter Owen, 2003.

Cox, Caroline, *Hair & Fashion*, V&A Publications, 2005.

Davies, Hywel, *Modern Menswear*, Laurence King, 2009.

De La Haye, Amy, *The Cutting Edge*, V&A Publications, 1998.

Fukai, Akiko and Suoh, Tamami, *Fashion from the 18th Century to 20th Century*, Taschen, 2004.

Harris, Jennifer, ed., *5,000 Years of Textiles*, British Museum Press, 2004.

Johnston, Lucy, *Nineteenth-Century Fashion in Detail*, V&A Publications, 2005.

Lacroix, Christian, *On Fashion*, Thames & Hudson, 2007.

McDowell, Colin, *The Man of Fashion*, Thames & Hudson, 1997.

Miller, Lesley Ellis, *Balenciaga*, V&A Publications, 2007.

O'Hara Callan, Georgina and Glover, Cat, *Fashion and Fashion Designers*, Thames & Hudson, 2008.

Phillips, Clare, *Jewelry: From Antiquity to the Present*, Thames & Hudson, 1996.

Schoeser, Mary, *World Textiles: A Concise History*, Thames & Hudson, 2003.

Sherrow, Victoria, *Encyclopedia of Hair*, Greenwood Press, 2006.

Steele, Valerie, *Fashion Italian Style*, Yale University Press, 2003.

Storey, Nicholas, *History of Men's Fashion*, Pen & Sword Books, 2008.

Wilcox, Claire and Mendes, Valerie, *Twentieth Century Fashion in Detail*, V&A Publications, 2009.

ウェブサイト Websites

WWW.LESARTSDECORATIFS.FR

WWW.METMUSEUM.ORG/WORKS_OF_ART/THE_COSTUME_INSTITUTE

WWW.MODEAPARIS.COM

WWW.STYLE.COM

WWW.VAM.CO.UK

Colour origination by Ivy Press Reprographics

Cover Images
Front cover: © John French, V&A Images,Victoria and Albert Museum.
Back cover: © V&A Images, Victoria and Albert Museum. Courtesy of Vivienne Westwood.
Back flap: © V&A Images, Victoria and Albert Museum.

This book was conceived, designed and produced by
Ivy Press
210 High Street
Lewes, East Sussex
BN7 2NS, UK
www.ivy-group.co.uk

CREATIVE DIRECTOR Peter Bridgewater
PUBLISHER Jason Hook
EDITORIAL DIRECTOR Caroline Earle
ART DIRECTOR Michael Whitehead
DESIGN JC Lanaway
PICTURE MANAGER Katie Greenwood
EDITORIAL ASSISTANT Jamie Pumfrey

索引 *Index*

索引 Index

ま

や

ら

わ

PICTURE CREDITS

Special thanks to Elaine Lucas, Meghan Mazella and Christopher Sutherns at V&A Images for all of their effort and support. The Ivy Press is also grateful to the following organisations for giving permission to feature their work: Cartier, Fundació Gala-Salvador Dalí, Schiaparelli, Hans Stofer, Tiffany & Co., Van Cleef & Arples and Vivienne Westwood.

All images courtesy of and © V&A Images, Victoria and Albert Museum, except for the following:

© Cecil Beaton, V&A Images, Victoria and Albert Museum: 4, 75L, 76L, 77TL, 90, 91TL, 93TL, 196, 197, 199R, 199BL, 213BR, 256.

Catwalking.com: 13R, 13L, 14R, 17R, 17C, 18R, 19CR, 21BR, 22L, 23R, 23C, 24R, 25C, 26L, 27C, 28L, 29L, 30L, 31R, 33R, 35L, 36L, 38L, 39L, 44, 45BR, 51C, 63L, 63R, 65R, 67R, 68, 71R, 75R, 75C, 79L, 80R, 81L, 82R, 85R, 85C, 87R, 93BL, 94R, 97R, 98L, 101L, 102R, 103, 103C, 105L, 105R, 108, 110R, 111R, 111C, 112R, 115L, 115R, 116L, 117C, 118L, 119C, 121C, 121R, 122L, 123R, 123L, 126L, 127C, 127L, 128R, 128L, 129R, 129L, 130L, 131R, 132L, 133L, 133R, 133C, 134R, 135TL, 136L, 138R, 142L, 143C, 145R, 147L, 148R, 150L, 151R, 157R, 158R, 161R, 163C, 171BR, 172L, 173TR, 175TL, 175R, 177L, 179R, 183TL, 183BC, 183TR, 185R, 189BR, 190R, 193R, 194R, 209R, 217BL, 218R, 219TC, 221T, 223R, 223TL, 226R, 227C, 227R, 233R, 233C, 235C, 235L, 236, 237R, 237C, 238, 239L, 240, 241, 242, 243R, 243L, 245R, 245C.

Corbis: 33L; Bettmann: 32R, 24L, 167R; Kipa: 213TR; Kurt Krieger: 216L; Bob Linder/Sygma: 214L; Toby Melville/Reuters: 223BL; Sunset Boulevard: 110L, 219L; Sion Touhig/Sygma: 209BL; Pierre Vauthey/Sygma: 232L; WWD/Condé Nast: 186, 243C, 244L.

© John French, V&A Images, Victoria and Albert Museum: 1, 5, 27R, 54, 71L, 89, 99R, 125, 129TC, 134L, 137L, 155, 157C, 160R, 166R, 180, 181, 182, 193BL, 193TL, 221R.

Getty Images: 163R, 220R, 222R; AFP: 239BR; Apic: 47L; Dave Bennett: 96R; Junko Kimura: 34BL; Donato Sardella/WireImage: 205TL; Time & Life Pictures: 184L, 229TL, 239TR.

© Harry Hammond, V&A Images, V&A Theatre Collections: 37L, 72, 78L, 88, 102L, 109BR, 118R, 126R, 136R, 147TR, 168, 176, 177TR, 179BL, 210, 211, 212R, 217TL, 217R.

The Kobal Collection/Paramount: 7, 124, 135B, 170L.

Made by Sue Lawty: 62TL.

Courtesy Levi Strauss & Co. Archives, San Francisco: 116R.

Mary Evans Picture Library: 23L; National Magazine Company: 91TR, 160L.

© Andrew Pitcairn Knowles, V&A Images, Victoria and Albert Museum: 140, 150R, 163L.

Rex Features/Jeanette Jones: 153R; Sipa Press: 204R.

RMN/Droits réservés: 229TR.

Schiaparelli France SAS: 12R, 29T, 53TL, 57BL, 139R, 195TR, 198TL.

Courtesy Schott NYC: 114L.

Courtesy John Smedley: 152R.

Topfoto: 117R.

ファッションの意図を読む HOW TO READ FASHION

著 者：

フィオーナ・フォルクス（Fiona Ffoulkes）

イギリスのテレビ局BBCやITVでスタイリストを15年間務めるなど、ファッションや衣装デザインの分野で30年の経験を持つ。イギリスのセント・マーチンズ・カレッジ・オブ・アート・アンド・デザイン、パリのアメリカン大学で教鞭を取るかたわら、フランス高級衣料産業の歴史を研究。著書に『Consumers, and Luxury: Consumer Culture in Europe 1650-1850』など。

翻訳者：

山崎 恵理子（やまざき えりこ）

早稲田大学第一文学部卒業後、英国レディング大学国際学修士課程修了。訳書に『波瀾の時代の幸福論――マネー、ビジネス、人生の「足る」を知る』（武田ランダムハウスジャパン）がある。

発　行　2011年10月1日

発行者　平野 陽三

発行元　**ガイアブックス**

〒169-0074 東京都新宿区北新宿 3-14-8TEL.03(3366)1411　FAX.03(3366)3503

http://www.gaiajapan.co.jp

発売元　産調出版株式会社

 ISBN978-4-88282-803-7 C0077

Printed in China